Methodius Njoroge Kiarie

Características do utilizador final e adoção de tecnologias nas empresas de serviços públicos

Methodius Njoroge Kiarie

Características do utilizador final e adoção de tecnologias nas empresas de serviços públicos

Um caso da Kenya Empresa de Eletricidade e Iluminação, Nakuru, Quénia

ScienciaScripts

Imprint

Cover image: www.ingimage.com

This book is a translation from the original published under ISBN 978-620-2-00968-3.

Publisher:
Sciencia Scripts
is a trademark of
Dodo Books Indian Ocean Ltd. and OmniScriptum S.R.L publishing group

120 High Road, East Finchley, London, N2 9ED, United Kingdom
Str. Armeneasca 28/1, office 1, Chisinau MD-2012, Republic of Moldova, Europe
Printed at: see last page
ISBN: 978-620-7-89122-1

ÍNDICE DE CONTEÚDOS

Capítulo 1	**4**
Capítulo 2	**13**
Capítulo 3	**26**
Capítulo 4	**40**
Capítulo 5	**81**

ACRÓNIMOS E ABREVIATURAS

DMS	Distribution Management System
EAP&L	East African Power and Lighting Company
GIS	Geographical Information System
ICT	Information and Communication Technology
IT	Information Technology
ITMS	Integrated Tax Management System
Ken Gen	Kenya Electricity Generating Company
KETRACO	Kenya Electricity Transmission Company
NACOSTI	National Commission for Science, Technology and Innovation
SPSS	Statistical Packages for Social Sciences
UTAUT	Unified Theory of Acceptance and Use of Technology

RESUMO

A Kenya Power and Lighting Company (KPLC) desempenha um papel fundamental no desenvolvimento económico do país através do fornecimento de eletricidade a clientes domésticos e empresariais. Para executar o seu mandato de forma eficiente, a empresa adoptou novas tecnologias, tais como um sistema de gestão da distribuição (DMS) moderno, robusto e integrado, bem como diferentes tipos de sensores em alimentadores, transformadores e subestações de distribuição. Outras medidas incluem a contagem inteligente de transformadores e alimentadores para permitir o equilíbrio energético, entre uma série de novas tecnologias nas suas operações. Espera-se que a adoção de tecnologia reduza as perdas de energia, poupe custos operacionais, diminua os picos de procura, crie novos ou maiores fluxos de receitas, melhore as perspectivas de crescimento a longo prazo e aumente a satisfação dos clientes. Apesar dos potenciais benefícios da utilização de novas tecnologias na KPLC, há provas de que os níveis de adoção de diversas tecnologias introduzidas na KPLC são baixos. Exemplos neste contexto incluem os baixos níveis de adoção da tecnologia de manuseamento de linha viva, bem como da tecnologia de junção e terminação de cabos, entre outras. Por conseguinte, este estudo procura examinar a influência das características do utilizador final na adoção de novas tecnologias na Kenya Power and Lighting Company em Nakuru. O enquadramento teórico do estudo baseou-se na Teoria Unificada da Aceitação e Utilização de Tecnologia (UTAUT). Para o estudo, foi utilizada a conceção de investigação descritiva, uma vez que as características dos fenómenos foram examinadas no terreno sem qualquer manipulação das variáveis. A população-alvo são os 274 funcionários da Kenya Power and Lighting Company em Nakuru. A dimensão da amostra de 73 pessoas para o estudo foi calculada utilizando a fórmula de Nassiuma. A amostragem aleatória estratificada foi utilizada como procedimento de amostragem. Neste estudo, foi utilizado um questionário estruturado. A validade do estudo foi efectuada com base na validade do conteúdo. A fiabilidade do estudo foi examinada através da fiabilidade interna utilizando o coeficiente alfa de Cronbach. Este modelo de regressão indica que um aumento unitário da Matriz de Competências do Utilizador Final, mantendo-se constantes os outros factores, resultaria numa diminuição de 0,051 nos níveis de adoção de novas tecnologias. Do mesmo modo, um aumento de uma unidade nas características demográficas do utilizador final resultaria numa diminuição de 0,047 nos níveis de adoção de novas tecnologias, mantendo-se as outras variáveis constantes. Isto indica que tanto a Matriz de Competências do Utilizador Final como as características demográficas do utilizador final não podem influenciar positivamente os níveis de adoção de novas tecnologias individualmente. Um aumento unitário nas atitudes do utilizador final resultaria num aumento de 0,203 nos níveis de adoção de novas tecnologias, mantendo-se as outras métricas constantes, enquanto um aumento unitário na gestão do fluxo de trabalho resultaria num aumento de 0,645 nos níveis de adoção de novas tecnologias, mantendo-se as outras métricas constantes. Isto implica que tanto as atitudes do utilizador final como a gestão do fluxo de trabalho influenciam individualmente e de forma positiva os níveis de adoção de novas tecnologias. O estudo concluiu que a matriz de competências do utilizador final, as atitudes do utilizador final e a gestão do fluxo de trabalho tiveram uma influência significativa na adoção de novas tecnologias na Kenya Power and Lighting Company. O estudo também concluiu que não houve influência significativa das características demográficas do utilizador final na adoção das novas tecnologias. Entre os aspectos que foram considerados influentes na adoção de novas tecnologias na KPLC incluem-se as capacidades de resolução de problemas, os níveis de educação, a perceção da necessidade de novas tecnologias e os aspectos de gestão, devido às médias elevadas que obtiveram nas respectivas categorias.

CAPÍTULO UM

INTRODUÇÃO

1.1 Antecedentes do estudo

Em todo o mundo, existem diversos factores que levam à necessidade de novas tecnologias entre as empresas de serviços públicos, como as empresas de água e esgotos, bem como as empresas de energia. Estes factores incluem o aumento da população, os efeitos da urbanização, o aumento da classe média, os efeitos da industrialização e o aumento do desenvolvimento em diversos países (Apulu, Latham, & Moreton, 2011). No sector da energia, existem diferentes tecnologias que foram adoptadas em todo o mundo com base nas suas necessidades específicas.

Nos Estados Unidos da América, a New York Power Authority (2014) observou que é necessário adotar tecnologias no sector da energia com vista a alcançar diversos objectivos. Neste contexto, a visão estratégica da New York Power Authority 2014-2019 cita os objectivos da adoção de novas tecnologias como a produção limpa de eletricidade, a satisfação das necessidades de uma economia orientada para a energia, a criação de redes eléctricas mais fortes e resistentes e o reforço da proteção do ambiente.

Por outro lado, o New York Independent System Operator, que se ocupa das operações da rede de eletricidade a granel de Nova Iorque, assinalou a necessidade de tecnologia para combater as ameaças emergentes e conter melhor as antigas (Jones, 2015). Entre as necessidades de adoção de novas tecnologias inclui-se a necessidade de evoluir e reforçar o mecanismo de segurança física e cibernética para proteger a rede de ameaças em constante mudança.

Saibu (2016) realizou um estudo sobre os macrodeterminantes da adoção de tecnologias de eletricidade renovável na Nigéria. O estudo identificou as necessidades que levaram à necessidade de adotar tecnologias de energias renováveis como o aumento dos níveis de consumo de energia e as emissões de dióxido de carbono dos combustíveis fósseis. No contexto das emissões de dióxido de carbono, as emissões de dióxido de carbono dos combustíveis fósseis atingiram 86,40 milhões de toneladas métricas em 2012, o que faz com que a Nigéria esteja entre os países que mais emitem dióxido de carbono em África (Saibu, 2016).

Por outro lado, em termos de consumo de energia eléctrica, os níveis de consumo de eletricidade aumentaram para 23,11 mil milhões de quilowatts-hora em 2011 e continuam a aumentar devido aos níveis de industrialização do país. À semelhança da Nigéria, a África do Sul enfrenta o desafio da elevada emissão de dióxido de carbono, que leva à adoção de novas tecnologias de produção de energia mais limpa.

No Uganda, a Autoridade Reguladora da Eletricidade (2015) refere que o Governo do Uganda procura melhorar a utilização das tecnologias no sector da energia com vista a aumentar a eficiência. No seu plano estratégico para os exercícios financeiros de 2014/15-2023/24, a Autoridade Reguladora da Eletricidade sublinha a necessidade de adotar tecnologias emergentes no sector, a fim de alcançar a eficiência. No entanto, o sector da energia enfrenta diversos desafios na utilização de novas tecnologias. De acordo com a Uganda Electricity Transmission Company, (2014), a sua prestação de serviços tem sido prejudicada pelas dificuldades na adoção de novas tecnologias. Estas dificuldades foram atribuídas à rápida evolução das tecnologias, à formação inadequada do pessoal, à elevada rotação do pessoal e à estrutura organizacional existente (Uganda Electricity Transmission Company, 2014).

Existem vários factores que influenciam a adoção de novas tecnologias nas empresas de serviços públicos. De acordo com Kukafka, Johnson, Linfante, & Allegrante, (2003), existem três grupos de factores que afectam a adoção de novas tecnologias em empresas de serviços públicos: factores de nível organizacional, factores de nível de grupo e factores de nível individual. Os factores de nível organizacional incluem aspectos relacionados com a organização que afectam os utilizadores individuais de novas tecnologias dentro da organização (Buabeng-Andoh, 2012). Estes factores podem incluir a estrutura organizacional, a cultura organizacional, as políticas e os procedimentos do fluxo de trabalho, entre outros factores. Os factores a nível do grupo incluem aspectos como os valores e a cultura profissionais. Por outro lado, os factores de nível individual incluem aspectos que tocam nos atributos individuais do utilizador que têm impacto na sua utilização de novas tecnologias, tais como atitudes, satisfação do utilizador e envolvimento do utilizador, entre outros factores (Graziano, 2014).

No Quénia, a Kenya Power and Lighting Company (KPLC) está envolvida na transmissão, distribuição e venda a retalho de eletricidade. A Kenya Power and Lighting Company foi criada em 1922 como East African Power and Lighting Company (EAP&L) (Oginda, 2013). Em 1983, a EAP&L passou a designar-se KPLC, dedicando-se à produção e ao fornecimento de eletricidade. As mudanças no sector da energia em 1997 e 2008 levaram à formação da Kenya Electricity Generating Company (Ken Gen) e da Kenya Electricity Transmission Company (KETRACO), respetivamente (Aketch, 2015). A empresa está dividida em doze divisões principais: gestão da rede, tecnologias da informação e da comunicação, gestão da cadeia de abastecimento, serviço ao cliente, estratégia empresarial, desenvolvimento de infra-estruturas e auditoria interna. Outras divisões são a Iluminação Pública, Conectividade, Finanças, Recursos Humanos e Gestão, e Secretário da Empresa, Assuntos Jurídicos e Corporativos.
A Kenya Power and Lighting Company (KPLC) desempenha um papel fundamental no desenvolvimento económico do país através do fornecimento de eletricidade a clientes domésticos e empresariais (Kenya Power and Lighting Company., 2017). Neste contexto, o sector da energia é considerado um dos dez pilares da Visão 2030 do país, no âmbito do qual é necessário aumentar o número de ligações eléctricas e a eficiência do consumo de eletricidade, entre outros aspectos (Secretariado da Visão 2030, 2017). O país também está a enfrentar um aumento da procura de eletricidade neste momento, de um pico de procura de 899 MW em 2004/2015 para 1.585 MW em 2015/2016, com um aumento da base de clientes

de 735.144 para 4.890.373 no mesmo período. Nas suas operações, a KPLC enfrenta desafios como a fiabilidade do fornecimento de energia a uma base de clientes diversificada e outras alterações na rede. Por conseguinte, a empresa visa, no seu plano estratégico de rede 2016/17-2020/21, adaptar diversas novas tecnologias ao fornecimento de eletricidade (Kenya Power and Lighting Company., 2015b). Estas medidas incluem a instalação de um sistema de gestão da distribuição (DMS) moderno, robusto e integrado, bem como de diferentes tipos de sensores nos alimentadores, transformadores e subestações de distribuição. Outras medidas incluem a contagem inteligente de transformadores e alimentadores para permitir o equilíbrio de energia entre uma série de novas tecnologias nas suas operações (Kenya Power and Lighting Company., 2015b).

1.2 Declaração do problema

A adoção de novas tecnologias é de importância integral para a KPLC nas operações e no desempenho da empresa. Neste contexto, o Plano Estratégico Quinquenal da empresa 2016/17-2020/21 refere que: "A introdução de novas tecnologias proporciona muitos benefícios potenciais à empresa. Os objectivos típicos das novas tecnologias incluem a redução das perdas de energia, a redução dos custos operacionais, a diminuição do pico de procura, fluxos de receitas novos ou acrescidos, melhores perspectivas de crescimento a longo prazo e maior satisfação dos clientes" (Kenya Power and Lighting Company., 2015a p.21). A adoção de novas tecnologias é também fundamental para garantir que a KPLC reduza as perdas associadas à distribuição de eletricidade. Estas perdas são caracterizadas como perdas técnicas e de eletricidade do sistema que ocorrem quando a eletricidade é dissipada pelos equipamentos e condutores nas linhas de distribuição.

Apesar dos potenciais benefícios da utilização de novas tecnologias na KPLC, há provas que mostram baixos níveis de adoção de diversas tecnologias introduzidas na KPLC. Por exemplo, o calendário de formação de 2014/2015 da KPLC indica baixos níveis de adoção em relação à tecnologia de manuseamento de linhas vivas, bem como à tecnologia de união e terminação de cabos, entre outras. Por conseguinte, este estudo procura examinar a influência das características do utilizador final na adoção de novas tecnologias na Kenya Power and Lighting Company em Nakuru. O estudo também procurou preencher as lacunas da revisão da literatura. Entre os estudos que examinaram a adoção de novas tecnologias incluem-se o estudo de Al-Smadi (2012) sobre os factores de adoção da banca eletrónica, enquanto Baariu (2015) examinou os factores que afectam a adoção de pagamentos móveis e Krysa (2010) sobre os factores que levam à adoção de computadores nas escolas. Estes estudos não se centram nas empresas de serviços públicos, que é o objeto do presente estudo.

1.3 Objetivo do estudo

O objetivo do estudo é examinar a influência das características do utilizador final na adoção de novas tecnologias entre as empresas de serviços públicos, com especial referência à Kenya Power and Lighting Company, Nakuru, Quénia.

1.4 Objectivos da investigação

Os objectivos do estudo incluíam;

1. Examinar a influência da Matriz de Competências do Utilizador Final na adoção de novas tecnologias na Kenya Power and Lighting Company, Quénia
2. Examinar a influência das características demográficas do utilizador final na adoção de novas tecnologias na Kenya Power and Lighting Company, Quénia
3. Estabelecer a influência das atitudes do utilizador final na adoção de novas tecnologias na Kenya Power and Lighting Company, Quénia
4. Estabelecer a influência da gestão do fluxo de trabalho na adoção de novas tecnologias na Kenya Power and Lighting Company, Quénia

1.5 Questões de investigação

O estudo foi orientado pelas seguintes questões de investigação;

1. Qual é a influência da Matriz de Competências do Utilizador Final na adoção de novas

tecnologias na Kenya Power and Lighting Company, Quénia?

2. Como é que as características demográficas do utilizador final influenciam a adoção de novas tecnologias na Kenya Power and Lighting Company, Quénia?
3. Qual é a influência das atitudes do utilizador final na adoção de novas tecnologias na Kenya Power and Lighting Company, Quénia?
4. Como é que a gestão do fluxo de trabalho influencia a adoção de novas tecnologias na Kenya Power and Lighting Company, Quénia?

1.6 Hipóteses de investigação

O estudo baseou-se nas seguintes hipóteses alternativas;

1. **Ha1: A** matriz de competências do utilizador final tem uma influência significativa na adoção de novas tecnologias na Kenya Power and Lighting Company, Quénia
2. **Ha2:** As características demográficas dos utilizadores finais têm uma influência significativa na adoção de novas tecnologias na Kenya Power and Lighting Company, Quénia
3. **Ha3:** As atitudes dos utilizadores finais têm uma influência significativa na adoção de novas tecnologias na Kenya Power and Lighting Company, Quénia
4. **Ha4:** A gestão do fluxo de trabalho tem uma influência significativa na adoção de novas tecnologias na Kenya Power and Lighting Company, Quénia

1.7 Importância do estudo

Este estudo foi importante para a direção da KPLC, para a direção das empresas de serviços públicos, para os fabricantes de novas tecnologias no sector da energia e para os investigadores na matéria. O estudo explorou os factores que levam à adoção de novas tecnologias na KPLC. O conhecimento destes factores e a forma como afectam a adoção de novas tecnologias foram de importância crítica para a gestão da KPLC e para o gabinete de recursos humanos, na criação de medidas para lidar com os factores contributivos. Estas medidas poderiam ser incorporadas nos cursos de formação e desenvolvimento, bem como na gestão do fluxo de trabalho. A gestão das empresas de serviços públicos beneficiou deste estudo através da compreensão dos factores que contribuem para a adoção de diversas tecnologias. Isto foi de importância crítica para a gestão destas empresas na formulação de políticas que funcionam na sua organização em relação à adoção de novas tecnologias introduzidas na sua organização. Finalmente, o estudo foi útil para os investigadores da adoção de novas tecnologias em diversas organizações. Isto porque o estudo expandiu o conjunto de conhecimentos disponíveis em relação ao papel da Matriz de Competências do Utilizador Final, às características demográficas do utilizador final, às atitudes do utilizador final e aos aspectos da gestão do fluxo de trabalho na adoção de novas tecnologias.

1.8 Pressupostos do estudo

O estudo tinha alguns pressupostos, incluindo o pressuposto de que a direção do pessoal da KPLC autorizaria a realização do estudo na sua organização e de que os inquiridos cooperariam na realização do estudo e seriam verdadeiros nas respostas às perguntas estabelecidas.

1.9 Limitações do estudo

O estudo foi limitado de uma forma importante. O estudo centrou-se numa única organização, a Kenya Power and Lighting Company (KPLC), o que poderia ter limitado o estudo se a organização não tivesse dado autorização para a recolha de dados. O investigador atenuou esta situação explicando à direção da KPLC a importância do estudo para a gestão dos seus recursos humanos, o que lhes permitiu dar a autorização necessária para a realização do estudo. Os inquiridos do estudo tinham reservas em falar sobre a sua entidade patronal. O investigador atenuou as apreensões dos inquiridos, entregando-lhes uma declaração de consentimento que os informava da confidencialidade e do anonimato das suas respostas. A declaração de consentimento também os informava de que tinha sido obtida uma autorização formal da sua entidade patronal.

1.10 Delimitações do estudo

Geograficamente, o estudo limitou-se à sucursal de Nakuru, situada no distrito comercial central de Nakuru, devido a restrições orçamentais e de tempo. Contextualmente, o âmbito do estudo limitou-se à matriz de competências do utilizador final, às características demográficas do utilizador final, às atitudes do utilizador final e aos aspectos da gestão do fluxo de trabalho como factores que afectam a adoção de novas tecnologias na KPLC. Não foram examinados quaisquer outros factores que possam influenciar a adoção de novas tecnologias. Trata-se também de uma investigação para fins académicos e, como tal, o estudo foi limitado no tempo pelo calendário académico da Universidade de Nairobi, de onde o estudo foi realizado. Por último, o estudo foi autofinanciado e, como tal, limitado a um orçamento de 159 038 Ksh.

1.11 Termos significativos utilizados no estudo

Adoção de novas tecnologias;	Utilização ativa das novas tecnologias utilizadas na KPLC
Atitudes;	Percepções subjectivas sobre a facilidade de utilização e a utilidade das novas tecnologias
Características demográficas do utilizador final;	Características dos trabalhadores da KPLC relativamente à idade, género, níveis de educação e níveis de experiência na organização
Matriz de competências do utilizador final;	O leque de competências à disposição dos trabalhadores da KPLC
Utilizador final;	O funcionário da KPLC que utiliza uma determinada tecnologia na KPLC
Facilidade de utilização percebida;	A perceção do utilizador sobre o grau em que uma nova tecnologia é fundamental para melhorar o seu desempenho numa determinada tarefa
Percebida Utilidade;	A perceção do utilizador quanto ao esforço necessário para adotar a nova tecnologia
Empresa de serviços públicos;	Uma empresa que fornece serviços como água e eletricidade
Gestão do fluxo de trabalho;	A gestão dos movimentos de trabalho de um nível para outro

1.12 Organização do estudo

O estudo foi organizado em cinco capítulos, a saber: capítulo um, dois, três, quatro e cinco. O primeiro capítulo abordou a introdução ao estudo com as seguintes subcomponentes: antecedentes do estudo, enunciado do problema, objectivos do estudo, significado do estudo, limitações e delimitações do estudo e definição de termos significativos utilizados no estudo.

O capítulo dois do estudo examinou a revisão da literatura do estudo, ou seja, a revisão da literatura empírica, o quadro teórico, o quadro concetual e o resumo da literatura revista.

O capítulo três do estudo examinou a metodologia de investigação com as seguintes subsecções: conceção da investigação, população-alvo, processo de amostragem, instrumentos de recolha de dados, estudo-piloto, procedimentos de recolha de dados, procedimentos de análise de dados, considerações éticas e operacionalização das variáveis.

O capítulo quatro examina a análise, a apresentação, a interpretação e a discussão dos dados. Neste contexto, os dados foram analisados com recurso à estatística descritiva e inferencial. Os dados foram apresentados em tabelas. O capítulo cinco inclui a síntese dos resultados, as conclusões, as recomendações e as sugestões para estudos futuros.

CAPÍTULO DOIS

REVISÃO DA LITERATURA

2.1 Introdução

Este capítulo examina a literatura empírica do estudo, o enquadramento teórico do estudo, o enquadramento concetual do estudo e a síntese da literatura revista.

2.2 Matriz de competências do utilizador final e adoção de novas tecnologias

A matriz de competências do utilizador final desempenha um papel significativo e crítico na adoção de novas tecnologias em qualquer organização. Entre essas competências contam-se as competências técnicas, as competências de resolução de problemas, a proficiência na utilização da Internet, as competências básicas de resolução de problemas informáticos e a capacidade de utilizar menus de autoajuda (Kamarulzaman & Azmi, 2010; Kinanga, 2013; Mehar & Mittal, 2016; Tshitenge, 2011).

No contexto do papel das competências técnicas na adoção de novas tecnologias, a posse de competências técnicas, como as competências em tecnologias da informação (TI), permite que os utilizadores finais adoptem melhor as novas tecnologias. Isto porque estes utilizadores reduzem os esforços necessários para utilizar as novas tecnologias e estão mais aptos a enfrentar os desafios que surgem durante a utilização das novas tecnologias. Os utilizadores também estão mais confiantes na sua capacidade de utilizar as novas tecnologias e, por conseguinte, têm uma atitude positiva que aumenta excessivamente a taxa de adoção de novas tecnologias (Mucheru, 2013). A capacidade do utilizador para resolver desafios básicos durante a sua utilização das novas tecnologias é fundamental para que possa mudar a sua atitude em relação à nova tecnologia (Njihia & Magutu, 2012). A mudança de atitude permite uma perceção da facilidade de utilização da nova tecnologia. Isto deve-se ao facto de os utilizadores conseguirem obter pequenas vitórias ou sucessos que acabam por conduzir à plena integração e utilização da nova tecnologia.

A proficiência na utilização da Internet, as competências básicas de resolução de problemas informáticos, bem como a capacidade de utilizar os menus de autoajuda na plataforma tecnológica são componentes fundamentais na utilização das novas tecnologias. A maioria das tecnologias utilizadas no contexto do escritório são frequentemente baseadas na Internet ou na Web e, por conseguinte, a utilização básica da Internet é muitas vezes fundamental para facilitar a sua utilização. Por exemplo, Mandola (2013), ao analisar a adoção do Sistema Integrado de Gestão Fiscal (SIGF) no Quénia, encontrou uma correlação entre a proficiência de um indivíduo na utilização da Internet e a adoção do SIGF entre os utilizadores-alvo do sistema. Por outro lado, Muhangi (2012), num estudo sobre a análise da apresentação em linha no Uganda, concluiu que a capacidade de utilizar os menus de autoajuda numa tecnologia baseada na Web era fundamental para garantir a melhoria dos níveis de adoção. Neste contexto, Muhangi (2012) observa que os menus de autoajuda capacitam o utilizador, reduzindo assim a perceção da facilidade de utilização.

A capacidade de um utilizador ter conhecimentos de Internet e de resolução de problemas informáticos é fundamental para a adoção de novas tecnologias. Isto deve-se ao facto de as diversas tecnologias existentes nas organizações se basearem frequentemente em tecnologias da informação e algumas serem sistemas baseados na Web. Por conseguinte, a matriz de competências de um utilizador em matéria de Internet e de utilização do computador desempenha um papel significativo na adoção destas novas tecnologias. Neste contexto, Gwaro (2016) realizou um estudo sobre a influência da declaração de impostos em linha no cumprimento das obrigações fiscais entre as pequenas e médias empresas na cidade de Nakuru, no Quénia. Entre os aspectos que o estudo examinou em termos de influência dos impostos em linha incluem-se as competências em matéria de Internet, as competências básicas de resolução de problemas informáticos e a capacidade de utilizar menus de autoajuda na plataforma itax. O estudo utilizou uma escala de Likert de discordo totalmente (1), discordo (2), incerto (3), concordo (4) e concordo totalmente (5) para avaliar a influência destes aspectos nos níveis de adoção da declaração de impostos em linha. O estudo concluiu que as competências em matéria de Internet, as competências básicas de resolução de problemas informáticos e a capacidade de utilizar os menus de autoajuda na plataforma itax têm influência no preenchimento em linha, com médias de 4,12, 3,51 e 3,73, respetivamente.

2.3 Características demográficas e adoção de novas tecnologias

As características demográficas desempenham um papel fundamental na adoção de novas tecnologias. Neste contexto, os primeiros a adotar inovações tecnológicas são tipicamente mais jovens, com rendimentos mais elevados, mais instruídos e com estatuto social e ocupação mais elevados (Baariu, 2015). A idade é uma caraterística demográfica fundamental que influencia a adoção de novas tecnologias em diversas empresas. As pessoas mais jovens numa organização são susceptíveis de ter uma maior facilidade de utilização percebida que leva à sua maior adoção de novas tecnologias. Abdelbary (2011), num estudo sobre os factores que afectam a adoção da tecnologia biométrica pelos empregados de um hotel egípcio de cinco estrelas, encontrou diferenças significativas na facilidade de utilização em função da idade ($F (3, 718)= 2,676$, $p < .05$). Os utilizadores com idades compreendidas entre os 18 e os 28 anos obtiveram uma pontuação média mais elevada em comparação com os relativamente mais velhos (Abdelbary, 2011)

Os níveis de educação de uma empresa têm um impacto significativo na adoção de novas tecnologias. Isto deve-se ao facto de os níveis de educação estarem frequentemente correlacionados com uma taxa de exposição mais elevada à utilização de computadores, o que leva ao desenvolvimento de competências em matéria de Internet e de resolução de problemas informáticos, que são fundamentais para a adoção de novas tecnologias. Os níveis de educação estão associados a elevadas competências cognitivas que ajudam na adoção de novas tecnologias. Abdelbary (2011), num estudo sobre os factores que afectam a adoção da tecnologia biométrica pelos empregados de um hotel egípcio de cinco estrelas, encontrou uma influência significativa da educação na perceção da facilidade de utilização. O estudo utilizou uma escala de Likert de discordo totalmente (1), discordo (2), incerto (3), concordo (4) e concordo totalmente (5) para avaliar o impacto dos níveis de educação na perceção da facilidade de utilização. O estudo concluiu que os empregados hoteleiros egípcios com alguns níveis de ensino secundário, alguns níveis de ensino superior e níveis de ensino superior e pós-graduado tinham médias de 3,4733, 3,8470, 4,0208 e 4,0488, respetivamente, em relação à facilidade de utilização da nova tecnologia biométrica. O estudo concluiu que houve diferenças significativas na facilidade de uso por nível de educação $F (3, 718) = 14,428$, $p < 0,05$). Mulwa (2015), num estudo sobre os factores que influenciam a adoção das TIC na prestação de serviços pelos governos do condado de Kitui, concluiu que os níveis de educação tinham um impacto nos níveis de adoção das TIC. Neste contexto, 10%, 10% e 80% dos inquiridos indicaram que o nível de educação contribuía para a adoção de novas tecnologias de forma moderada, grande e muito grande, respetivamente.

O género do utilizador final tem um impacto na adoção de novas tecnologias. Isto porque os homens tendem a ser mais orientados tecnicamente e podem ter mais facilidade em adotar as novas tecnologias devido a melhores atitudes em relação às mesmas. Por exemplo, Gachukia (2012), num estudo sobre a influência da demografia na adoção das redes sociais, observou diferenças de género na adoção de novas tecnologias. O estudo observou que a adoção de novas tecnologias pelos homens era fortemente influenciada pela sua perceção de utilidade, enquanto as mulheres eram fortemente influenciadas pela sua perceção de facilidade de utilização. Além disso, o estudo refere que é mais provável que os homens adoptem mais rapidamente as novas tecnologias do que as mulheres. Entre os principais factores que conduziram a uma adoção mais lenta das novas tecnologias está o facto de as mulheres demonstrarem uma atitude mais negativa em relação às tecnologias informáticas.

A função do utilizador final é uma componente crítica para determinar se o utilizador final das novas tecnologias adopta facilmente a tecnologia. Certas funções, como as dos domínios técnicos, dão frequentemente a esses titulares uma vantagem sobre os seus pares em funções não técnicas quando se trata da adoção de novas tecnologias (Gachukia, 2012).

Os níveis de experiência dos utilizadores de novas tecnologias têm uma influência significativa na adoção de novas tecnologias. Os utilizadores que foram expostos a tecnologias semelhantes no passado têm uma maior probabilidade de ter uma atitude positiva em relação à adoção de novas tecnologias (Qatawneh, 2015). Por outro lado, Alzighaibi, Mohammadian, & Talukder (2016) indicam que a experiência em tecnologias da informação (TI) influencia frequentemente a adoção de novas tecnologias, uma vez que a maioria das tecnologias se baseia em TI.

2.4 Atitudes dos utilizadores finais e adoção de novas tecnologias

As atitudes dos utilizadores finais afectam a adoção de novas tecnologias em diferentes sectores. A utilidade percebida e a facilidade de utilização percebida são alguns dos principais factores que afectam as atitudes dos utilizadores finais e que, em última análise, têm impacto na sua capacidade de utilizar as novas tecnologias. A utilidade percebida foi definida como a perceção do utilizador do grau em que uma nova tecnologia é fundamental para melhorar o desempenho do utilizador numa determinada tarefa (Phan & Daim, 2011). Por outro lado, a PEOU foi definida como a perceção do utilizador da quantidade de esforço necessário para adotar a nova tecnologia

Tem havido resultados mistos e um debate académico sobre qual dos factores, entre a facilidade de utilização percebida e a utilidade percebida, é o principal determinante da intenção comportamental de utilizar uma nova tecnologia. Azmi & Bee (2011), num estudo sobre a aceitação do sistema de preenchimento eletrónico por

Os contribuintes da Malásia descobriram que tanto a PEOU como a PU tinham efeitos positivos significativos na intenção comportamental. O estudo também concluiu que a PU era um fator de previsão mais forte da intenção comportamental do que a PEOU, devido a um coeficiente de regressão de 0,40 em comparação com 0,38 da última. Por conseguinte, um aumento unitário de PU conduziu a um aumento de 0,40 na intenção comportamental de utilizar novas tecnologias, enquanto um aumento unitário de PEOU conduziu a um aumento de 0,38 na intenção comportamental.

O estudo de Olouch, Abaja, Mwangi, & Githeko (2015) sobre a adoção da tecnologia bancária móvel examinou o papel da PU e da PEOU na adoção da banca móvel. O estudo concluiu que a PU teve uma influência significativa na adoção da tecnologia bancária móvel. O estudo encontrou um coeficiente de correlação de 0,715 entre a PU e a adoção de serviços bancários móveis, o que implica que a PU tem um efeito positivo e significativo na adoção de serviços bancários móveis. No entanto, o estudo concluiu que não existe uma relação estatisticamente significativa entre a UDEP e a adoção da tecnologia bancária móvel. Por último, o estudo concluiu que existe uma relação estatística significativa entre a perceção do risco de segurança e a adoção da tecnologia de banca móvel. Al-smadi (2012), num estudo sobre os factores que afectam a adoção da banca eletrónica, examinou a inter-relação entre a PU e a PEOU no que respeita à banca eletrónica. O estudo concluiu que existia uma relação positiva e significativa entre a UDE e a PU, o que sugere que quanto mais fácil for o serviço bancário eletrónico, mais útil se torna.

O aspeto da segurança percebida está interligado com a perceção do risco que pode prevalecer na utilização de novas tecnologias. De acordo com Kamarulzaman & Azmi (2010), os riscos percebidos referem-se aos riscos financeiros, de desempenho da nova tecnologia, sociais, psicológicos, físicos ou de tempo que podem prevalecer na utilização da nova tecnologia. O risco financeiro ou os aspectos de segurança dizem respeito à possibilidade de o utilizador da nova tecnologia sofrer perdas financeiras (Qatawneh, 2015). Os riscos de desempenho da nova tecnologia estão relacionados com a questão de saber se a nova tecnologia terá o desempenho esperado. O risco social é considerado como a perceção dos outros significativos em relação aos produtos ou serviços (Bultum, 2014). O risco de conveniência representa os inconvenientes problemáticos aditivos que o consumidor irá encontrar quando adquirir os produtos ou serviços.

A perceção da mudança influencia a adoção de novas tecnologias no contexto em que a mudança traz perturbações nas políticas estabelecidas e nas formas de fazer as coisas. No contexto da tecnologia, a mudança implica essencialmente a aprendizagem de novas competências, a adoção de um novo mapa de processos na execução de tarefas e o desenvolvimento de novos mecanismos de resposta às exigências das novas tecnologias (Bitengo, 2015). Uma atitude positiva em relação à mudança permite que o utilizador final seja mais recetivo à aprendizagem das competências da nova tecnologia, reduzindo assim a perceção da facilidade de utilização. Por último, a perceção em relação à nova tecnologia, seja ela positiva ou negativa, tem uma grande influência na adoção de novas tecnologias (Watiri, 2013). Os utilizadores finais com uma perceção positiva em relação à utilização de uma nova tecnologia adoptam-na mais rapidamente.

2.5 Gestão do fluxo de trabalho e adoção de novas tecnologias

A gestão de uma instituição desempenha um papel significativo e crítico na adoção de novas tecnologias pelos seus funcionários através do apoio que oferece, como recursos, aspectos de formação e supervisão, entre outros. Neste contexto, Alzighaibi et al. (2016), ao examinarem a adoção de um Sistema de Informação Geográfica (SIG) na Arábia Saudita, concluíram que o apoio da gestão tinha um impacto na relação com as percepções dos funcionários sobre o SIG.

A presença de um sistema de apoio é um componente crítico na adoção de novas tecnologias numa determinada empresa. Krysa (2010) observou que a existência de um sistema de apoio, especialmente nos aspectos técnicos da nova tecnologia, é um fator significativo na adoção de novas tecnologias. A presença de um sistema de apoio permite que os utilizadores finais obtenham ajuda técnica sempre que existam desafios na utilização da tecnologia, bem como dicas que facilitem o trabalho com a nova tecnologia.

A competência dos pares na utilização de novas tecnologias ajuda na aprendizagem sobre a utilização de novas tecnologias. Isto porque os pares criam um grupo de pessoas que um utilizador individual consulta em momentos de dificuldade na utilização de novas tecnologias (Olouch et al., 2015). Isto permite aspectos de aprendizagem social. Na ausência de competência entre pares, os utilizadores individuais podem enfrentar mais desafios na aprendizagem e na adoção de novas tecnologias.

Por último, as competências interfuncionais implicam que os trabalhadores sejam versáteis na sua matriz de competências, o que conduz a um cenário em que os utilizadores individuais podem ter competências com uma família semelhante de tecnologias ou uma competência de apoio à utilização da tecnologia (Hamid, 2013). Estas competências podem envolver competências em matéria de informação e tecnologia e competências de resolução de problemas, entre outras (Bultum, 2014). Nos casos em que o utilizador tem conhecimentos ou experiência noutra família de tecnologias relacionadas, pode aplicar essas competências a esta nova tecnologia específica.

2.6 Quadro teórico

O estudo baseia-se na Teoria Unificada de Aceitação e Utilização de Tecnologia (UTAUT). A UTAUT foi conceptualizada por Venkatesh em 2003 e derivou dos conceitos importantes de vários modelos existentes. A UTAUT baseia-se em conceitos da teoria da ação racional, do modelo de aceitação da tecnologia, do modelo motivacional, da teoria do comportamento planeado e do TAM, entre outros (Krysa, 2010). O UTAUT tem quatro factores principais que influenciam a capacidade de adotar novas tecnologias, incluindo a expetativa de desempenho, a expetativa de esforço, a influência social e as condições facilitadoras (Kinanga, 2013). A expetativa de desempenho refere-se ao grau em que o utilizador acredita que a nova tecnologia irá ajudar no desempenho do trabalho. A expetativa de esforço está relacionada com a facilidade associada à utilização da nova tecnologia, enquanto a influência social está relacionada com a perceção do utilizador individual da importância atribuída à sua utilização da nova tecnologia pelos pares. Por último, as condições facilitadoras estão relacionadas com a presença de um sistema de apoio para ajudar os novos utilizadores na adoção de novas tecnologias. O estudo é aplicável a este estudo no contexto em que demonstra a relação entre os factores demográficos e a adoção de novas tecnologias. Isto está em sintonia com os objectivos do presente estudo.

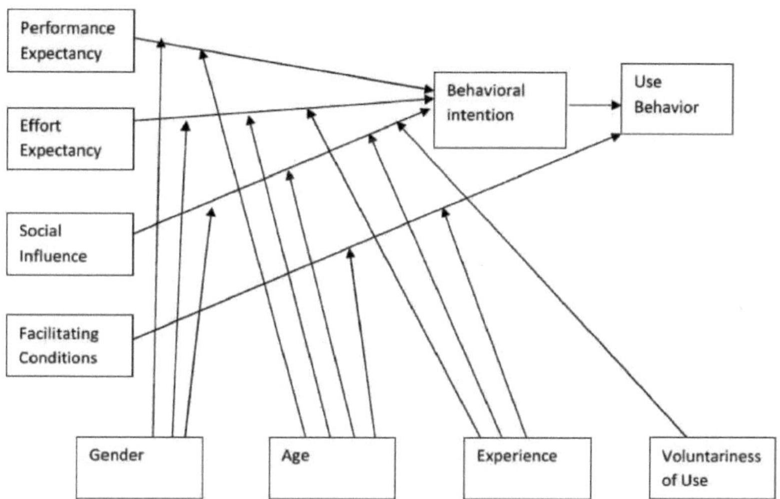

Figura 2.1: Teoria Unificada de Aceitação e Utilização de Tecnologia (UTAUT)
Fonte: Kinanga (2013)

2.7 Quadro concetual

O quadro concetual examina a inter-relação entre as variáveis independentes e as variáveis dependentes.

Variáveis Independentes Variável de Intervenção Variável Dependente

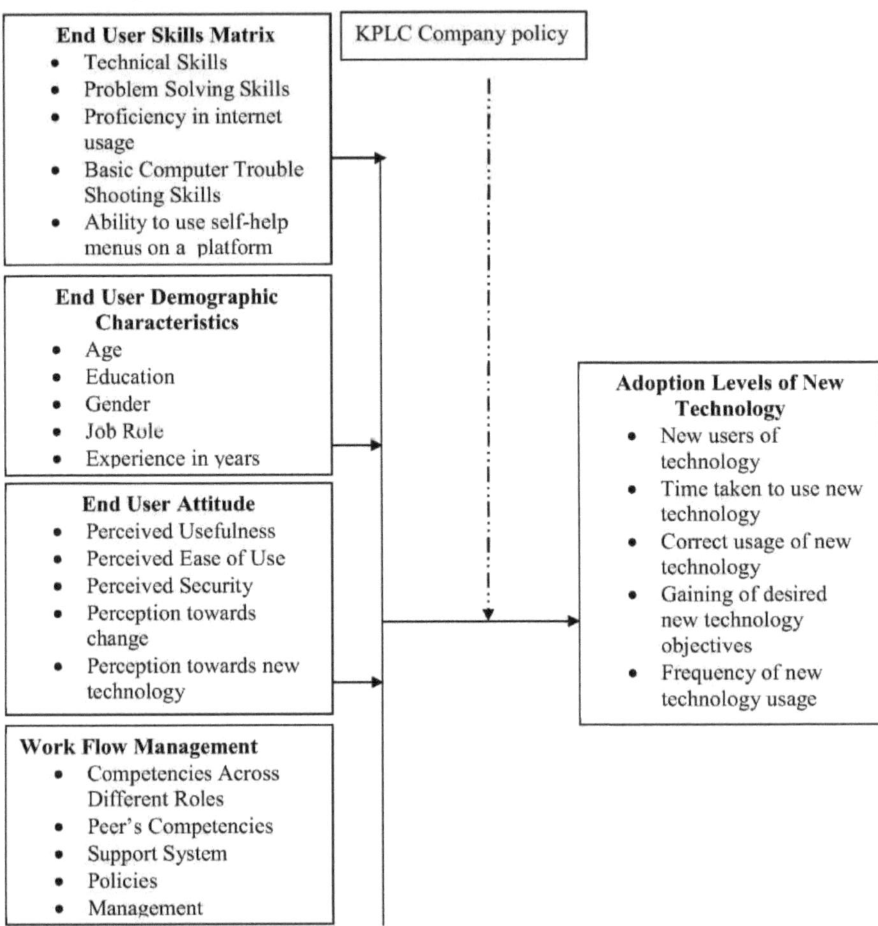

Figura 2.2: Quadro concetual

As variáveis independentes incluem a Matriz de Competências do Utilizador Final, as características demográficas do utilizador final, as atitudes do utilizador final e os aspectos de gestão do fluxo de trabalho. Os indicadores da Matriz de Competências do Utilizador Final incluem competências técnicas, competências de resolução de problemas, proficiência na utilização da Internet, competências básicas de resolução de problemas informáticos e capacidade de utilizar menus de autoajuda numa plataforma. Por outro lado, as características demográficas do utilizador final incluem a idade, as habilitações literárias, o sexo, o cargo e a experiência em anos. A atitude do utilizador final foi examinada através da perceção de utilidade, da perceção de facilidade de utilização, da perceção de segurança, da perceção de mudança e da perceção de novas tecnologias. Os aspectos da gestão do fluxo de trabalho incluem as competências interfuncionais, as competências dos pares, o sistema de apoio, as políticas e a gestão.

2.8 Resumo da literatura analisada

A literatura revista examinou os diversos estudos que abrangeram os objectivos específicos do presente estudo. Os estudos indicaram que a posse de competências técnicas, como as competências em tecnologias da informação (TI), permite que os utilizadores finais se adaptem melhor às novas tecnologias. As competências de resolução de problemas foram fundamentais para que o utilizador final pudesse adotar adequadamente as novas tecnologias. A capacidade do utilizador para resolver desafios básicos durante a sua utilização das novas tecnologias é fundamental para que ele possa mudar a sua atitude em relação à nova tecnologia.

No contexto das características demográficas, os estudos indicaram que os primeiros utilizadores das inovações tecnológicas são normalmente mais jovens, têm rendimentos mais elevados, têm mais habilitações literárias e um estatuto social mais elevado. Os níveis de educação também foram considerados positivamente correlacionados com a facilidade de utilização da tecnologia. Os estudos também indicaram que a adoção de novas tecnologias pelos homens foi fortemente influenciada pela sua perceção de utilidade, enquanto as mulheres foram fortemente influenciadas pela sua perceção de facilidade de utilização. Além disso, as mulheres revelaram uma perceção negativa em relação à utilização do computador, o que levou a uma adoção lenta da tecnologia.

As atitudes dos utilizadores finais afectam a adoção de novas tecnologias em diferentes sectores. Os estudos analisados concluíram que a AEP e a PU tiveram efeitos positivos significativos na intenção comportamental de utilizar novas tecnologias. A PU foi vista como um preditor mais poderoso da intenção comportamental em comparação com a AEP. A perceção da mudança influencia a adoção de novas tecnologias no contexto em que a mudança traz perturbações às políticas estabelecidas e às formas de fazer as coisas. No contexto da tecnologia, a mudança implica essencialmente a aprendizagem de novas competências, a adaptação a um novo mapa de processos na execução de tarefas e o desenvolvimento de novos mecanismos de resposta às exigências das novas tecnologias.

Em relação aos aspectos da gestão do fluxo de trabalho, a gestão de uma instituição desempenha um papel significativo e crítico na adoção de novas tecnologias pelos seus funcionários através do apoio que oferece, como recursos, aspectos de formação e supervisão, entre outros.
A presença de um sistema de apoio nos aspectos técnicos da nova tecnologia é um fator significativo na adoção de novas tecnologias. A presença de um sistema de apoio permite que os utilizadores finais obtenham ajuda técnica sempre que surjam desafios na utilização da tecnologia, bem como dar dicas que facilitem o trabalho com a nova tecnologia. Os estudos analisados também concluíram que a competência dos pares permite uma adoção mais rápida das tecnologias, uma vez que existe um conjunto de competências que podem ser consultadas.

2.9 Lacunas de investigação

Este estudo foi realizado com o objetivo de colmatar lacunas de investigação no âmbito do corpo de conhecimentos existente. As lacunas de investigação prevalecentes na literatura analisada estão nas diferenças de âmbito contextual e geográfico. Os estudos que apresentam uma lacuna de âmbito contextual incluem estudos que não se centram na adoção de tecnologias no contexto das empresas de serviços públicos em geral e das empresas de energia em específico. Estes estudos incluem Al-Smadi (2012), que estudou os factores de adoção da banca eletrónica, Baariu (2015), que examinou os factores que afectam a adoção de pagamentos móveis, e Krysa (2010), que examinou os factores que levam à adoção de computadores nas escolas. O investigador constatou que existe uma enorme base bibliográfica de estudos disponíveis sobre a adoção de novas tecnologias no sector bancário, como a banca móvel e a banca pela Internet. Os estudos que têm um âmbito geográfico incluem Azmi & Bee (2011), que examinaram a aceitação do sistema de preenchimento eletrónico pelos contribuintes malaios, e Talukder (2012), que examinou os factores que levam à adoção da inovação tecnológica por trabalhadores individuais na Austrália.

CAPÍTULO TRÊS

METODOLOGIA DE INVESTIGAÇÃO

3.1 Introdução

A metodologia de investigação refere-se à organização e ao inquérito ou investigação sistemática na procura de respostas a questões específicas. A metodologia de investigação envolve a conceção da investigação, a população-alvo, a amostragem, o instrumento de investigação, a pilotagem, a validade e a fiabilidade do instrumento de investigação, os procedimentos de recolha de dados e os aspectos de análise dos dados.

3.2 Conceção da investigação

A conceção da investigação foi definida como o projeto de recolha, medição e análise de dados. A conceção da investigação foi definida como o roteiro utilizado para responder às questões de investigação. A finalidade da conceção da investigação inclui a utilização óptima dos recursos disponíveis para atingir os objectivos da investigação e garantir a clareza da investigação para responder aos objectivos da investigação. Para este estudo, foi utilizado o modelo de investigação de inquérito descritivo. A investigação descritiva por inquérito descreve as características do fenómeno de investigação tal como ele se apresenta no terreno, sem qualquer manipulação das variáveis. O modelo de investigação de inquérito descritivo foi o mais adequado para este estudo no contexto em que a investigação está interessada no exame dos factores que afectam a adoção de novas tecnologias pelo utilizador final na KPLC. O estudo descreveu os factores tal como se apresentam no terreno, sem qualquer manipulação das variáveis.

3.3 População-alvo

Uma população foi descrita como um grupo de objectos ou indivíduos com características observáveis comuns que interessam ao investigador. A população também foi definida como o grupo inteiro de indivíduos ou objectos para os quais os investigadores estão interessados em generalizar os resultados. Este estudo procurou encontrar as características do utilizador final que influenciam a adoção de novas tecnologias na Kenya Power and Lighting Company em Nakuru. A população-alvo é, portanto, o pessoal da Kenya Power and Lighting Company em Nakuru. Há 274 funcionários da KPLC em Nakuru, distribuídos da seguinte forma (Kenya Power and Lighting Company, 2017).

Quadro 3.1: População-alvo

Departments	Number of Staff
Regional Management	3
Design and Construction	37
Finance	41
Supply Chain	22
Transport	10
Technical Services	36
Security	4
Information and Communications Technology	16
Customer Service	90
Human Resources and Administration	15
Grand Total Staff-Regional Office	**274**

Fonte: KPLC (2017)

3.4 Procedimentos de amostragem

A amostragem refere-se à seleção de um número finito representativo da população, com vista a analisá-lo de modo a obter os pontos de vista de toda a população. A dimensão da amostra deste estudo foi calculada utilizando a fórmula de Nassiuma (2009) para obter a dimensão da amostra, conforme ilustrado abaixo;

$$n = \frac{NC^2}{C^2 + (N-1)e^2}$$

Onde

n = dimensão da amostra

N = dimensão da população-alvo

C = coeficiente de variação (0,5)

e = margem de erro (0,05)

Substituindo estes valores na equação, a dimensão estimada da amostra (n) foi a seguinte

$$n = \frac{274\,(0.5^2)}{0.5^2 + (274-1)0.05^2}$$

= 73 inquiridos

Por conseguinte, a dimensão da amostra utilizada no estudo foi de 73 inquiridos.

A amostragem aleatória estratificada foi utilizada para efeitos de seleção dos membros da amostra a utilizar no estudo. A amostragem aleatória estratificada baseia-se na divisão da população conhecida como estratos, que se baseiam em aspectos comuns dentro dos estratos.

Quadro 3.2: Amostragem estratificada

Departments	**Number of Staff**	**Percentage**	**Sample Size**
Regional Management	3	1.0%	1
Design and Construction	37	13.5%	10
Finance	41	14.9%	11
Supply Chain	22	8.0%	6
Transport	10	3.6%	3
Technical Services	36	13.1%	9
Security	4	1.5%	1
Information and Communications Technology	16	5.8%	4
Customer Service	90	32.8%	24
Human Resources and Administration	15	5.8%	4
Total	**274**	**100%**	**73**

Uma vez formados os estratos, o número de membros a utilizar de cada estrato é calculado com base na proporcionalidade do número total da dimensão da população do estrato individual em relação à dimensão total da população. Em seguida, foi utilizada a amostragem aleatória para selecionar os membros de cada um dos estratos. A amostragem aleatória estratificada permite ao investigador tirar conclusões sobre os subgrupos individuais da população

3.5 Instrumento de investigação

Um instrumento de investigação refere-se a um item que foi utilizado para efeitos de recolha de dados para apoiar os objectivos da investigação. Neste estudo, foi utilizado um questionário estruturado. Um questionário estruturado consiste em perguntas fechadas em que os inquiridos têm opções de resposta às perguntas colocadas. Existem várias vantagens dos questionários estruturados que justificaram a sua escolha como instrumento de investigação. Estas vantagens incluem a eficiência de custos, a facilidade de análise utilizando o Statistical Packages for Social Sciences (SPSS), uma vez que um questionário estruturado fornece dados quantitativos, e uma taxa de resposta mais elevada devido ao facto de o questionário ser mais curto. O questionário foi dividido em seis partes, a saber, as partes A, B, C, D, E e F. As partes A consistiam nos antecedentes dos inquiridos, enquanto as partes B, C, D, E e F consistiam nas variáveis do estudo. As partes B, C, D, E e F consistiam nas perguntas da escala de Likert com uma escala de Likert de cinco pontos. As perguntas da escala de Likert permitiam aos inquiridos classificar os indicadores das variáveis específicas (tanto independentes como dependentes) numa escala de 1, 2, 3, 4 e 5, correspondendo a Discordo totalmente (SD), Discordo (D), Incerto (U), Concordo (A) e Concordo totalmente (SA), respetivamente. As perguntas da escala de Likert foram utilizadas devido às vantagens que apresentam, tais como a facilidade de serem compreendidas pelos inquiridos, a acomodação de um sentimento neutro sobre uma determinada questão e a facilidade de análise dos dados.

3.6 Estudo-piloto

O estudo-piloto foi realizado com o objetivo de testar a validade e a fiabilidade. O estudo-piloto foi também realizado para eliminar quaisquer desafios que pudessem impedir a plena realização da fase de recolha de dados do projeto de investigação. Para atingir os seus objectivos, o estudo-piloto foi realizado utilizando o mesmo procedimento que foi utilizado no estudo final. O estudo-piloto foi realizado nos escritórios de Nakuru, utilizando uma amostra de 10%, ou seja, 27 inquiridos que não foram posteriormente utilizados no estudo final, de modo a não contaminar o campo de estudo. Esta dimensão da amostra era a recomendada por Orodho & Kombo (2002).

O objetivo do estudo-piloto era testar a fiabilidade e a validade do instrumento de investigação. O estudo-piloto revelou que todas as perguntas dos questionários estruturados eram fiáveis e válidas. Os inquiridos do estudo-piloto também indicaram que o questionário era claro e que não foram detectados problemas de formatação. Tendo ficado satisfeito com os resultados do estudo-piloto, o questionário foi adotado para o estudo final.

3.6.1 Validade do instrumento de investigação

A validade do instrumento de investigação refere-se ao grau em que o instrumento de investigação mede aquilo que se destina a medir. A validade dos itens de recolha de dados é o grau em que cada item mede aquilo que pretende medir. A validade do estudo foi efectuada utilizando a validade de conteúdo. A validade de conteúdo examina a pertinência das perguntas e a sua capacidade de responder aos objectivos da investigação. A validade de conteúdo do estudo foi examinada recorrendo a peritos na matéria.

A validade do instrumento de investigação foi examinada utilizando o índice de validade de conteúdo. A validade de conteúdo (também conhecida como validade lógica) refere-se à medida em que uma medida representa todas as facetas de uma determinada construção (Kumar, 2007). A validade das variáveis (variáveis independentes e dependentes) foi calculada utilizando o Índice de Validade de Conteúdo ao Nível do Item (I-CVI) e o Índice de Validade de Conteúdo ao Nível da Escala (S-CVI). Foi pedido a cinco peritos, designados por E1, E2, E3, E4 e E5, que classificassem os indicadores individuais das variáveis dependentes e independentes utilizando uma escala de Likert de quatro pontos. Os quatro parâmetros da escala de Likert incluíam 1= Não relevante, 2 = Algo relevante, 3= Bastante relevante e 4= Altamente relevante. O I-CVI foi calculado usando o número total de especialistas que escolheram um 3 ou 4 dividido pelo número total de especialistas que é;

$$\text{I-CVI} = \frac{\textit{Number of Responses as "3 or 4"}}{\textit{Total number of responses}} \text{ (I-CVI calculation formula)}$$

Por outro lado, o IVC-S foi calculado através da obtenção da média do IVC-I individual para cada subsecção das variáveis independentes e das variáveis dependentes.

$$\text{S-CVI} = \frac{\sum_{i}^{n} \text{I-CVIi}}{n}$$

De acordo com Chawla & Sodhi (2011), a pontuação mínima para o I-CVI e o S-CVI é de 0,6 para que a validade dos indicadores seja aceitável ao nível do item e da escala, respetivamente. O I-CVI para cada um dos cinco indicadores da Matriz de Competências do Utilizador Final era aceitável, uma vez que tinham ultrapassado a pontuação mínima de 0,6 para o I-CVI. Neste contexto, o I-CVI para as competências técnicas, as competências de resolução de problemas, a proficiência na utilização da Internet, as competências básicas de resolução de problemas informáticos e a capacidade de utilizar menus de autoajuda numa plataforma foram de 1, 1, 1, 0,8 e 0,8, respetivamente. Por outro lado, o IVC-S foi de 0,92, superior ao limiar de 0,6 do IVC-S. Concluiu-se, portanto, que as métricas da Matriz de Competências do Utilizador Final eram válidas para esta investigação.

Quadro 3.3: Validade da matriz de competências do utilizador final

	E1	E2	E3	E4	E5	I-CVI
Technical Skills	4	4	3	4	4	1
Problem Solving Skills	3	3	4	4	3	1
Proficiency in internet usage	4	4	4	4	4	1
Basic Computer Trouble Shooting Skills	4	2	3	4	3	0.8
Ability to use self-help menus on a platform	4	3	2	3	4	0.8
Scale Level Content Validity Index (S-CVI)						**0.92**

No contexto das características demográficas do utilizador final, o I-CVI para cada um dos cinco indicadores era aceitável, uma vez que tinha ultrapassado a pontuação mínima de 0,6 para o I-CVI. Neste contexto, o I-CVI para a idade, habilitações literárias, sexo, função e experiência em anos foi de 1, 1, 1, 0,8 e 1, respetivamente. Por outro lado, o S-CVI para os dados demográficos dos utilizadores finais foi de 0,96, superior ao limiar de 0,6 do S-CVI. Concluiu-se, portanto, que as métricas das características demográficas dos utilizadores finais eram válidas para esta investigação.

Table 3.4: Validade para as características demográficas do utilizador final

	E1	E2	E3	E4	E5	ICV
Age	4	3	4	3	4	1
Education	4	4	3	4	3	1
Gender	4	4	4	3	3	1
Job Role	4	3	3	4	2	0.8
Experience in years	4	4	3	3	3	1
Scale Level Content Validity Index (S-CVI)						**0.96**

No contexto das atitudes do utilizador final, o I-CVI foi de 1 para cada um dos indicadores da matriz de atitudes do utilizador final, o que foi superior ao limiar de 0,6. Por outro lado, o IVC-S foi 1, ou seja, acima do limiar de 0,6 para o IVC-S. Concluiu-se, portanto, que as métricas da atitude do utilizador final eram válidas para esta investigação.

Table 3.5: Validade das atitudes do utilizador final

	E1	E2	E3	E4	E5	ICVI
Most new technologies are useful in generic work functions at KPLC e.g. leave application, training etc.	3	4	4	4	4	1
Most new technologies are useful in specific line of work at KPLC	3	3	4	3	4	1
I find most new technologies easy to use	4	4	3	4	3	1
Most new technologies preserve historically held data in my line of work	3	4	4	4	4	1
I am receptive to changes in technology advances	4	4	3	4	3	1
I consider new technologies necessary for work functions at KPLC	3	3	4	3	4	1
Scale Level Content Validity Index (S-CVI)						**1**

No contexto da validade do fluxo de trabalho, o I-CVI para cada um dos cinco indicadores era aceitável, uma vez que tinha ultrapassado a pontuação mínima de 0,6 para o I-CVI. Neste contexto, o I-CVI para as competências interfuncionais, as competências dos pares, o sistema de apoio, as políticas e o índice de gestão foram 1, 1, 1, 1 e 1, respetivamente. Por outro lado, o IVC-S foi de 1, valor superior ao limiar de 0,6 do IVC-S. Concluiu-se, portanto, que as métricas para a gestão do fluxo de trabalho eram válidas para esta investigação.

Table 3.6: Validade para a gestão do fluxo de trabalho

	E1	E2	E3	E4	E5	ICVI
Cross functional competencies	4	4	4	3	3	1
Peer's Competencies	4	3	3	4	4	1
Support System	3	3	4	3	4	1
Policies	4	4	4	3	3	1
Management	3	4	3	4	4	1
Scale Level Content Validity Index (S-CVI)						**1**

No contexto da adoção de novas tecnologias, o I-CVI para cada um dos cinco indicadores era aceitável, uma vez que tinham ultrapassado a pontuação mínima de 0,6 para o I-CVI. Neste contexto, o I-CVI para os novos utilizadores da tecnologia, o tempo necessário para utilizar a nova tecnologia, a utilização correcta da nova tecnologia, a obtenção dos objectivos desejados com a nova tecnologia e o índice de frequência da utilização da nova tecnologia foram, respetivamente, 1, 1, 1, 1 e 1.

Table 3.7: Validade para a adoção de novas tecnologias

	E1	E2	E3	E4	E5	ICVI
New users of technology	3	3	4	4	3	1
Time taken to use new technology	3	4	4	4	4	1
Correct usage of new technology	4	3	4	3	4	1
Gaining of desired new technology objectives	4	4	4	4	4	1
Frequency of new technology usage	4	3	3	4	3	1
Scale Level Content Validity Index (S- CVI)						**1**

Por outro lado, o IVC-S foi de 1, acima do limiar de 0,6 do IVC-S. Concluiu-se, portanto, que as métricas para os níveis de adoção de novas tecnologias eram válidas para esta investigação.

3.6.2 Fiabilidade do instrumento de investigação

A fiabilidade do instrumento de investigação diz respeito ao grau em que um determinado instrumento dá resultados semelhantes ao longo de um certo número de ensaios repetidos. A fiabilidade do estudo foi examinada através da fiabilidade interna, aplicando o coeficiente alfa de Cronbach. De acordo com Lim & Ting (2013), um coeficiente alfa de Cronbach igual ou superior a 0,7 é considerado suficiente para estabelecer a fiabilidade do estudo.

O coeficiente alfa de Cronbach para a Matriz de Competências do Utilizador Final, as características demográficas do utilizador final, as atitudes do utilizador final, a gestão do fluxo de trabalho e a adoção de novas tecnologias foi de 0,773, 0,745, 0,706, 0,747 e 0,830, respetivamente. Estes coeficientes alfa de Cronbach ultrapassaram o limiar mínimo de 0,7, pelo que foram considerados fiáveis para esta investigação.

Table 3.8: Fiabilidade do instrumento de investigação

Variable	No of Items	Cronbach's Alpha Coefficient
End User Skills Matrix	5	0.773
End User Demographic Characteristics	5	0.745
End User Attitudes	6	0.706
Work Flow Management	5	0.747
Adoption Levels of New Technology	5	0.830

3.7 Procedimentos de recolha de dados

Os procedimentos de recolha de dados foram realizados com a autorização de três instituições diferentes, nomeadamente (i) a Universidade de Nairobi, (ii) a Comissão Nacional para a Ciência, Tecnologia e Inovação (NACOSTI), (iii) a direção da sucursal de Nakuru da KPLC e (iv) os inquiridos individuais. Após a realização da defesa da proposta, o investigador recebeu formalmente uma carta da Universidade de Nairobi autorizando a recolha de dados e que apresentava o estudante à NACOSTI. Foi solicitada a autorização do NACOSTI para realizar o estudo, com vista a ser esclarecido sobre todas as considerações éticas relativas à investigação realizada no Quénia. O investigador procurou então obter autorização formal da direção da KPLC Nakuru para realizar um estudo na sua organização. Por fim, os inquiridos receberam uma declaração de consentimento que os informava sobre o objetivo do estudo e lhes pedia que participassem voluntariamente no estudo.

3.8 Procedimentos de análise de dados

A análise de dados envolve a transformação detalhada, a síntese e a interpretação de dados recolhidos de fontes primárias. Os dados brutos recolhidos foram editados, codificados, analisados e tabulados para facilitar a análise. A edição dos dados envolveu o escrutínio dos dados brutos recolhidos para garantir que os dados recolhidos eram exactos e consistentes. A codificação envolveu a atribuição de dígitos numéricos às respostas brutas recolhidas dos questionários no software SPSS para facilitar a análise. Por outro lado, a tabulação envolveu o processo de resumir os dados em bruto e apresentá-los de forma compacta para análise posterior.

As estatísticas a efetuar incluíam as estatísticas descritivas (médias, distribuições de frequência e desvios-padrão), testes de diagnóstico (estatísticas de normalidade) e regressão linear múltipla, conforme ilustrado na Tabela 3. No contexto do teste de hipóteses, foram seguidos seis passos: (i) exame da estrutura dos dados para determinar os testes inferenciais a efetuar; (ii) decisão sobre a estatística de teste a utilizar; (iii) decisão sobre o nível de significância que será utilizado para o teste de hipóteses; e (iv) decisão sobre as condições de aceitação ou rejeição da hipótese nula. Neste contexto, o estudo utilizou dados do tipo escala de Likert, em que há um conjunto de perguntas relacionadas com uma variável que utiliza uma escala de Likert de cinco pontos. Os dados neste contexto foram tratados como dados intervalares. A ANOVA de uma via foi assim utilizada e foi gerada através da regressão de métricas individuais de uma variável independente contra uma variável dependente composta no SPSS.

Quadro 3.9: Resumo das estatísticas a efetuar

	Functions	Statistics to be undertaken	Test Statistic/Methods
1)	Descriptive Statistics (to describe the results)	-Frequency Distributions -Means -Standard Deviations	Achieved means (μ) scores: $1<\mu<1.5$, $1.5<\mu<2.5$, $2.5<\mu<3.5$, $3.5<\mu<4.5$, and $4.5<\mu\leq5$ to be interested as the respondents on average tended to strongly disagree, disagree, be uncertain, agree and strongly agree respectively in relations to the given metric respectively Achieved standard deviation (σX) scores; $0<\sigma X<0.5$, $0.5<\sigma X<1$, and $\sigma X\geq1$ to be interpreted as responses clustered around the mean, responses moderately distributed, and lack of consensus on a given metric respectively.
2)	Reliability Tests	-Cronbach Alpha Coefficient	Cronbach alpha coefficient to be tested if above 0.7
3)	Diagnostic Tests/Preliminary Tests	-Skewness& Kurtosis (Normality Diagnostic Tests) NB: Normality a prerequisite for Multiple linear regression	The normality of the data will be assumed if skewness scores are within the interval (-3.0, 3.0) and kurtosis statistics lay in the interval (-10.0, 10.0).
		-Multicollinearity NB: Normality a prerequisite for Multiple linear regression	Variance inflation factor (VIF) and tolerance levels to be used -Tolerance levels to be accepted if above 0.1 -VIF to be accepted if below 10
4)	Hypothesis Testing	-F Statistics	Reject Null Hypothesis (to be tested at 0.05 significance level) if $p<0.05$
5)	To gain understanding of indictors of individual independent variables predictive ability on dependent variable	-Multiple Linear Regression (Individual indicators of independent variables regressed against composite variable of dependent variable)	-Multiple correlation coefficient (R) to be examined to give the cumulative effect of the indicators of an individual independent variable on dependent variable - Coefficient of determination (R Square) to be examined to indicate the variance in percentage explained by the indicators of an individual independent variable (cumulatively) on dependent variable

3.9 Considerações éticas

A consideração ética nos aspectos da investigação envolve a consideração de um comportamento de investigação aceitável na conduta do investigador, o tratamento dos inquiridos, o tratamento dos dados recolhidos, a independência do investigador e a integridade das fontes no desenvolvimento do trabalho. Este estudo foi orientado pela ética no planeamento, na condução e no relato dos resultados, através da utilização de quatro princípios éticos na investigação: veracidade, rigor, objetividade e relevância. Neste contexto, foi emitido um termo de consentimento aos inquiridos, indicando o objetivo do estudo, o direito de participar voluntariamente sem qualquer compensação financeira, o direito de abandonar voluntariamente a investigação em qualquer fase sem penalizações financeiras e o tratamento dos dados recolhidos apenas para fins académicos.

3.10 Definição operacional de variáveis

Quadro 3.10: Definição operacional das variáveis

Objectives of the Study	Variables	Indicators	Measurement Scales	Type of analysis	Tools of Analysis
To examine the influence of End User Skills Matrix on adoption of new technologies at Kenya Power and Lighting Company, Kenya	End User Skills Matrix	•Technical Skills • Problem Solving Skills • Proficiency in internet usage •Basic Computer Trouble Shooting Skills •Ability to use self-help menus on a platform	Interval Measurement Scale	Descriptive Analysis	-Frequency Distribution -Means -Standard Deviations
				Inferential Statistics	-Regression Analysis
To examine the influence of end user demographic characteristics on adoption of new technologies at Kenya Power and Lighting Company, Kenya	End User Demographic Characteristics	• Age •Education •Gender •Job Role •Experience in years	Interval Measurement Scale	Descriptive Analysis	-Frequency Distribution -Means -Standard Deviations
				Inferential Statistics	-Regression Analysis
To establish the influence of end user attitudes on adoption of new technologies at Kenya Power and Lighting Company, Kenya	End User Attitudes	•Perceived Usefulness •Perceived Ease of Use •Perceived Security •Perception towards change •Perception towards new technology	Interval Measurement Scale	Descriptive Analysis	-Frequency Distribution -Means -Standard Deviations
				Inferential Statistics	-Regression Analysis
To establish the influence of workflow management on adoption of new technologies at Kenya Power and Lighting Company, Kenya	Workflow Management	•Competencies Across Different Roles •Peer's Competencies •Support System	Interval Measurement Scale	Descriptive Analysis	-Frequency Distribution -Means -Standard Deviations

		•Policies •Management			
				Inferential Statistics	Simple Linear Regression
-	Adoption of New Technology	•New users of technology •Time taken to use new technology •Correct usage of new technology •Gaining of desired new technology objectives •Frequency of new technology usage	Interval Measurement Scale	Descriptive Analysis	-Frequency Distribution -Means -Standard Deviations
				Inferential Statistics	-Regression Analysis

CAPÍTULO QUATRO

ANÁLISE, APRESENTAÇÃO, INTERPRETAÇÃO E DISCUSSÃO DOS DADOS

4.1 Introdução

Este estudo procurou examinar a influência das características do utilizador final na adoção de novas tecnologias entre as empresas de serviços públicos, tendo como referência a Kenya Power and Lighting Company (KPLC) em Nakuru. Para atingir o objetivo geral, o estudo examinou os objectivos específicos do estudo em termos de Matriz de Competências do Utilizador Final, características demográficas do utilizador final, atitudes do utilizador final e aspectos de gestão do fluxo de trabalho. Os resultados do estudo foram analisados utilizando três conjuntos de estatísticas: estatísticas descritivas, estatísticas de diagnóstico e estatísticas inferenciais.

4.2 Taxa de retorno do questionário

A população-alvo deste estudo foi constituída por 274 funcionários da Kenya Power and Lighting Company em Nakuru, distribuídos por vários departamentos, ou seja, gestão regional, conceção e construção, finanças, cadeia de abastecimento, transportes, serviços técnicos, segurança, tecnologias de informação e comunicação, serviço ao cliente e recursos humanos e administração. Foi utilizada uma amostra de 73 inquiridos para o estudo, que foi calculada utilizando a fórmula de Nassiuma (2009), pelo que foram enviados 73 questionários aos potenciais inquiridos, com a distribuição por departamento apresentada no Quadro 4.1. Dos questionários distribuídos, foram devolvidos 70 questionários e 3 não foram devolvidos. Um inquirido cujo questionário não foi devolvido optou por não participar no estudo, apesar da garantia de que as respostas seriam mantidas estritamente confidenciais e de que o objetivo do estudo era apenas académico. Os outros 2 questionários não foram devolvidos porque não foram preenchidos devido à falta de tempo dos inquiridos, apesar de os questionários terem sido deixados com os inquiridos para serem recolhidos numa altura previamente acordada. Durante a limpeza dos dados, um questionário foi rejeitado por estar incompleto, o que deixou 69 questionários cujos dados foram introduzidos no SPSS e analisados. Os resultados e conclusões do estudo basearam-se, portanto, em 69 questionários. A taxa de retorno foi de 94,5%, o que foi considerado suficiente para os estudos, uma vez que era superior aos 80% recomendados por Mugenda & Mugenda (1999).

Tabela 4.1: Taxa de retorno por departamento

Departments	Questionnaires Issued	Questionnaire Analysed	Response Rate
Regional Management	1	1	100%
Design and Construction	10	9	90%
Finance	11	10	91%
Supply Chain	6	5	83%
Transport	3	2	67%
Technical Services	9	9	100%
Security	1	1	100%
ICT	4	4	100%
Customer Service	24	24	100%
Human Resources and Administration	4	4	100%
Total	**73**	**69**	**94.5%**

4.3 Características de fundo

As características dos antecedentes do estudo foram examinadas através da distribuição por género, idade, nível de educação e função profissional.

4.3.1 Distribuição dos inquiridos por género

O estudo procurou conhecer a distribuição dos inquiridos por género. A maioria dos inquiridos era do sexo masculino, com 59,4% dos inquiridos, enquanto as inquiridas eram 40,6%. A elevada percentagem de inquiridos do sexo masculino foi atribuída ao facto de a KPLC ser uma empresa de engenharia e muito orientada para a técnica. A orientação técnica e de engenharia da empresa é, portanto, mais atractiva para os homens nas áreas da engenharia, topografia, cartografia e outros aspectos científicos.

Quadro 4.2: Distribuição por género

	Frequency	Percentage
Male	41	59.4%
Female	28	40.6%
Total	**69**	**100.0%**

4.3.2 Distribuição dos inquiridos por idade

Foi examinada a distribuição etária dos inquiridos. Estes foram agrupados em quatro grupos, a saber, menos de 25 anos, 26-35 anos, 36-45 anos e mais de 45 anos. Os inquiridos estavam distribuídos por todos os grupos, sendo a maioria com mais de 45 anos (36,2%), seguida dos que tinham 26-35 anos (34,8%). Os inquiridos com menos de 25 anos e com 36-45 anos eram 5,8% e 23,2%, respetivamente. O elevado número de inquiridos com mais de 45 anos (36,2%) e um elevado número de percentagens cumulativas com mais de 36 anos (59,4%) são atribuíveis aos elevados níveis de retenção de pessoal na empresa.

Tabela 4.3: Distribuição por idade

	Frequency	Percentage
Below 25 Years	4	5.8%
26-35 Years	24	34.8%
36-45 Years	16	23.2%
Over 45 Years	25	36.2%
Total	**69**	**100.0%**

4.3.3 Distribuição dos inquiridos por nível de ensino

O nível de educação foi importante para estudar a influência das características do utilizador final na adoção de novas tecnologias na KPLC, Nakuru, Quénia. A maioria dos inquiridos (39,1%) tinha um nível de ensino superior e o menor número de inquiridos (1,4%) tinha um nível de ensino de Doutoramento em Filosofia (PhD). Os inquiridos que tinham o nível de ensino KCSE, diploma e mestrado eram 10,1%, 37,7% e 11,6%, respetivamente. Os resultados do estudo indicaram que 52,1% dos inquiridos eram licenciados em diferentes níveis (bacharelato, mestrado, doutoramento), o que pode ser atribuído à natureza técnica da empresa.

Table 4.4: Distribuição por nível de ensino

	Frequency	Percentage
KCSE Graduate	7	10.1%
Diploma	26	37.7%
Bachelor	27	39.1%
Masters	8	11.6%
Doctor of Philosophy (PhD)	1	1.4%
Total	**69**	**100.0%**

4.3.4 Distribuição dos inquiridos por função

A função profissional dos inquiridos foi importante para examinar a influência das características do utilizador final na adoção de novas tecnologias na KPLC, Nakuru, Quénia. Os inquiridos pertenciam a vários departamentos da KPLC, Nakuru, Quénia, que incluíam a gestão regional, a conceção e a construção, as finanças, a cadeia de abastecimento, os transportes, os serviços técnicos, a segurança, as tecnologias da informação e da comunicação, o serviço ao cliente e os recursos humanos e a administração.

Table 4.5: Distribuição por função

Departments	Frequency	Percentage
Regional Management	1	1.4%
Design and Construction	9	13.0%
Finance	10	14.4%
Supply Chain	5	7.2%
Transport	2	2.8%
Technical Services	9	13.0%
Security	1	1.4%
ICT	4	5.8%
Customer Service	24	35.2%
Human Resources and Administration	4	5.8%
Total	**69**	**100%**

A maioria dos inquiridos pertencia ao departamento de serviço ao cliente (35,2%), seguido do departamento financeiro com 14,4% dos inquiridos. Os departamentos de serviços técnicos e de conceção e construção tinham um número igual de inquiridos (13,0% cada), tal como os departamentos de recursos humanos e administração e de TIC (5,8% cada) e de gestão regional e segurança (1,4% cada). Os inquiridos do departamento da cadeia de abastecimento e do departamento de transportes foram 7,2% e 2,8%, respetivamente.

4.4 Distribuição de frequência das variáveis

Foi calculada a distribuição de frequências para as variáveis dependentes e independentes. De acordo com Scruggs & Mastropieri (2006), a distribuição de frequências refere-se à tabulação das diferentes categorias de medida e ao número de observações em cada categoria. Neste contexto, este estudo utilizou a distribuição de frequências univariada (variável única) e discreta que organiza as ocorrências das categorias de medida (em termos de uma escala de Likert de cinco pontos) dos indicadores da variável em causa em termos de frequências e percentagens. A escala de Likert de cinco pontos era em termos de 1=Discordo fortemente (DP), 2=Discordo (D), 3=Incerto (U), 4=Concordo (A) e 5=Concordo fortemente (SA).

4.4.1 Distribuição de frequências da matriz de competências do utilizador final

O estudo procurou descobrir qual a Matriz de Competências do Utilizador Final que foi fundamental para a adoção de novas tecnologias, entre competências técnicas, competências de resolução de problemas, proficiência na utilização da Internet, competências básicas de resolução de problemas informáticos e capacidade de utilizar menus de autoajuda numa plataforma. Foi pedido aos inquiridos que escolhessem o nível que melhor explicava a sua situação: 1=Discordo fortemente (DP), 2=Discordo (D), 3=Incerto (U), 4=Concordo (A) e 5=Concordo fortemente (SA). Uma maioria cumulativa de 78,3% foi da opinião de que as competências técnicas têm sido fundamentais para a adoção de novas tecnologias, sendo que os que responderam concordar e concordar fortemente foram 31,9% e 46,4%, respetivamente. Os que discordaram, discordaram fortemente e não tinham a certeza foram 2,9%, 7,2% e 11,6%, respetivamente. A elevada percentagem de inquiridos que indicaram que as competências técnicas eram fundamentais para a adoção de novas tecnologias pode ser atribuída ao facto de a maioria das tecnologias se basear nas TIC e ser de natureza técnica. Por conseguinte, a posse de competências técnicas torna-se fundamental para a adoção das novas tecnologias.

Em resposta à questão de saber se as competências de resolução de problemas foram fundamentais para a adoção de novas tecnologias, a maioria dos inquiridos afirmou que sim, com 53,6% a escolher a opção "concordo" e 29,0% a opção "concordo totalmente". Nenhum dos inquiridos deu uma resposta fortemente discordante. As competências de resolução de problemas são fundamentais para a adoção de novas tecnologias, uma vez que existe uma curva de aprendizagem associada à adoção de novas tecnologias. Estas competências são fundamentais para a resolução de desafios emergentes no processo de adoção de novas tecnologias.

A proficiência na utilização da Internet foi fundamental para a adoção de novas tecnologias, uma vez que apenas uma minoria de 10,1% considerou que não o foi (discordo= 8,7%, discordo totalmente=1,4%). Os inquiridos que não tinham a certeza eram 8,7%, enquanto os que consideravam que a proficiência na utilização da Internet tinha sido fundamental para a adoção de novas tecnologias eram 81,2% (concordo=49,3%, concordo totalmente=31,9%). A proficiência na utilização da Internet é importante para a adoção de novas tecnologias, uma vez que a maioria das tecnologias é baseada na Web e, por conseguinte, a proficiência prévia na Internet é útil. Isto deve-se ao facto de os utilizadores finais poderem relacionar as suas experiências com a nova tecnologia com experiências anteriores em software baseado na Web ou na Internet.

As competências básicas de resolução de problemas informáticos foram fundamentais para a adoção de novas tecnologias, com a maioria dos inquiridos (55,1%) a concordar. Os inquiridos que não tinham a certeza, discordavam e discordavam fortemente de que as competências básicas de resolução de problemas informáticos foram fundamentais para a adoção de novas tecnologias foram 15,9%, 7,2% e 1,4%, respetivamente. As novas tecnologias podem, em maior medida, implicar a utilização de aplicações informáticas na sua execução, pelo que as competências básicas de resolução de problemas informáticos se tornam fundamentais.

Table 4.6: Distribuição de frequências da matriz de competências do utilizador final

	SA Freq. (%)	A Freq. (%)	U Freq. (%)	D Freq. (%)	SD Freq. (%)
Technical Skills	22 31.9%	32 46.4%	8 11.6%	5 7.2%	2 2.9%
Problem Solving Skills	20 29.0%	37 53.6%	10 14.5%	2 2.9%	0 0.0%
Proficiency in internet usage	22 31.9%	34 49.3%	6 8.7%	6 8.7%	1 1.4%
Basic Computer Trouble Shooting Skills	14 20.3%	38 55.1%	11 15.9%	5 7.2%	1 1.4%
Ability to use self-help menus on a platform	17 24.6%	34 49.3%	13 18.8%	4 5.8%	1 1.4%

Por último, quando questionados sobre se a possibilidade de utilizar menus de autoajuda numa plataforma foi fundamental para a adoção de novas tecnologias, 24,6%, 4,3%, 18,8%, 5,8% e 1,4% dos inquiridos escolheram as opções "concordo totalmente", "concordo", "incerto", "discordo" e "discordo totalmente", respetivamente. A maior parte das novas tecnologias são acompanhadas de materiais didácticos sobre a forma de realizar diversos aspectos operacionais das novas tecnologias. Neste contexto, a capacidade de utilizar os menus de autoajuda torna-se assim uma preocupação fundamental.

4.4.2 Distribuição de frequências das características demográficas dos utilizadores finais

O estudo procurou saber quais as características demográficas dos utilizadores finais que foram determinantes para a adoção de novas tecnologias. A idade, as habilitações literárias, o sexo, o cargo e a experiência em anos foram os parâmetros utilizados para medir as características demográficas dos utilizadores finais. No que diz respeito à idade, a maioria dos inquiridos (42,0%) respondeu "sim", afirmando que a idade foi fundamental para a adoção de novas tecnologias. Este facto foi ainda apoiado por 8,7% dos inquiridos que deram uma resposta de forte concordância, com 15,9% de insegurança. Os inquiridos que escolheram as opções "discordo" e "discordo totalmente" foram 11,6% e 8,7%, respetivamente. A elevada percentagem de inquiridos que afirmaram (50,7%) que a idade era fundamental para a adoção de novas tecnologias deve-se ao facto de os jovens empregados serem flexíveis e estarem mais dispostos a aprender e a adotar novas tecnologias.

A educação tem sido muito importante para a adoção de novas tecnologias, tal como confirmado por 39,1% e 49,3% dos inquiridos que escolheram as opções "concordo totalmente" e "concordo". Nenhum dos inquiridos escolheu a opção "discordo totalmente" e apenas 4,3% discordaram da métrica de que a educação tem sido fundamental para a adoção de novas tecnologias. O nível de educação é fundamental na adoção de novas tecnologias devido à capacidade de compreender instruções sobre o funcionamento das novas tecnologias, bem como de compreender materiais de instrução de autoajuda.

No contexto da questão de saber se o género foi determinante para a adoção de novas tecnologias, as respostas foram distribuídas de forma equitativa entre os que afirmaram e os que tinham uma opinião contrária, com um número igual de inquiridos (11,6%) a escolher as opções "concordo totalmente" e "discordo totalmente". As opções "concordo" e "discordo" também receberam um número quase igual de respostas, ou seja, 24,6% e 29,0%, respetivamente, enquanto os que não tinham a certeza eram 23,2%. O género é importante para a adoção de novas tecnologias, uma vez que os diferentes géneros apresentam atitudes diferentes em relação à tecnologia, o que tem um impacto nos seus níveis de adoção. O género feminino é frequentemente menos recetivo às novas tecnologias.

Table 4.7: Distribuição de frequências das características demográficas dos utilizadores finais

	SA Freq. (%)	A Freq. (%)	U Freq. (%)	D Freq. (%)	SD Freq. (%)
Age	6 8.7%	29 42.0%	11 15.9%	8 11.6%	6 8.7%
Education	27 39.1%	34 49.3%	5 7.2%	3 4.3%	0 0.0%
Gender	8 11.6%	17 24.6%	16 23.2%	20 29.0%	8 11.6%
Job Role	16 23.2%	36 52.2%	10 14.5%	5 7.2%	2 2.9%
Experience in years	16 23.2%	26 37.7%	12 17.4%	13 18.8%	2 2.9%

A maioria dos inquiridos afirma que a função na KPLC Nakuru, Quénia, tem sido fundamental para a adoção de novas tecnologias, com 52,2% e 23,2% a responderem que concordam e concordam fortemente. Apenas 2,9% e 7,2% dos inquiridos discordam e discordam fortemente de que a função tem sido fundamental para a adoção de novas tecnologias. É provável que os trabalhadores que desempenham funções de orientação técnica tenham mais facilidade na adoção de novas tecnologias de carácter técnico. No que se refere à experiência em anos, 37,7% e 23,2% dos inquiridos são de opinião que esta tem sido fundamental para a adoção de novas tecnologias, ao passo que 14,5%, 7,2% e 2,9% dos inquiridos escolheram as opções incerto, discordo e discordo totalmente.

4.4.3 Distribuição de frequências da atitude do utilizador final

O estudo procurou saber se a atitude do utilizador final tem sido fundamental para a adoção de novas tecnologias. Quando se perguntou se a maior parte das novas tecnologias são úteis em funções de trabalho genéricas na KPLC, como a aplicação de férias, a formação, etc., a maioria dos inquiridos (91,3%) foi da opinião de que sim, com 40,6% e 50,7% a escolherem as opções concordo e concordo fortemente, respetivamente. Um número igual de inquiridos, ou seja, 1,4% escolheu as opções "discordo" e "discordo totalmente", enquanto 5,8% não tinham a certeza. As funções de trabalho genéricas referem-se às funções comuns que são aplicáveis aos trabalhadores independentemente dos seus departamentos. A capacidade de as novas tecnologias darem resposta a estas necessidades é fundamental para a perceção da utilidade destas novas tecnologias e, consequentemente, para os seus níveis de adoção.

No contexto da questão de saber se a maior parte das novas tecnologias são úteis numa linha específica de trabalho na KPLC, 40,6% e 37,7% dos inquiridos foram da opinião de que sim, uma vez que escolheram as opções "concordo" e "concordo totalmente", respetivamente. A maioria dos inquiridos escolheu a opção "concordo" (53,6%), apoiada por 13,0% dos inquiridos que escolheram "concordo totalmente" para afirmar que a maioria dos inquiridos considera as novas tecnologias fáceis de utilizar. O facto de as novas tecnologias serem úteis para um determinado tipo de trabalho leva a que as tecnologias tenham impacto na produtividade do trabalhador. Estas novas tecnologias são susceptíveis de ter um valor percebido muito elevado, influenciando assim a atitude do empregado em relação à tecnologia e, consequentemente, os seus níveis de adoção.

No contexto da questão de saber se a maioria das novas tecnologias preserva os dados históricos no seu sector de atividade, a maioria dos inquiridos afirmou que sim, com 58,0% e 20,3% a responderem que concordam e concordam fortemente, respetivamente. A capacidade das novas tecnologias para preservar os dados históricos é fundamental para os aspectos de continuidade dos resultados das funções de trabalho. Isto deve-se ao facto de a informação anteriormente conservada ainda estar preservada no sistema. Quando questionados sobre a sua recetividade às mudanças nos avanços tecnológicos, 34,8% e 43,5% responderam com um forte acordo e um acordo, respetivamente, o que confirma que são receptivos às mudanças nos avanços tecnológicos. A recetividade às mudanças nos avanços tecnológicos é fundamental para determinar os esforços que são despendidos na aprendizagem das novas tecnologias.

Table 4.8: Distribuição de frequências da atitude do utilizador final

	SA Freq. (%)	A Freq. (%)	U Freq. (%)	D Freq. (%)	SD Freq. (%)
Most new technologies are useful in generic work functions at KPLC e.g. leave application, training etc.	28 40.6%	35 50.7%	4 5.8%	1 1.4%	1 1.4%
Most new technologies are useful in specific line of work at KPLC	26 37.7%	28 40.6%	9 13.0%	5 7.2%	1 1.4%
I find most new technologies easy to use	9 13.0%	37 53.6%	9 13.0%	12 17.4%	2 2.9%
Most new technologies preserve historically held data in my line of work	14 20.3%	40 58.0%	5 7.2%	8 11.6%	2 2.9%
I am receptive to changes in technology advances	24 34.8%	30 43.5%	10 14.5%	3 4.3%	2 2.9%
I consider new technologies necessary for work functions at KPLC	37 53.6%	26 37.7%	3 4.3%	2 2.9%	1 1.4%

Quando lhes foi perguntado se consideram a maior parte das novas tecnologias fáceis de utilizar, se a maior parte das novas tecnologias preserva os dados historicamente guardados no seu ramo de trabalho e se estão receptivos às mudanças nos avanços tecnológicos, (2,9%) dos inquiridos escolheram a opção discordo totalmente em relação a cada indicador. Alguns dos inquiridos (4,3%) não tinham a certeza se consideravam as novas tecnologias necessárias para as funções de trabalho na KPLC, enquanto uma minoria cumulativa de 4,3% (discordo=2,9%, discordo totalmente=1,4%) não considera as novas tecnologias necessárias para as funções de trabalho na KPLC. No entanto, a maioria dos inquiridos considera que as novas tecnologias são necessárias para as funções de trabalho na KPLC (53,6%=concordo totalmente), o que é apoiado por 37,7% dos inquiridos que responderam com "concordo". A necessidade das novas tecnologias para as funções de trabalho é fundamental para que os funcionários gastem energia na aprendizagem das novas tecnologias.

4.4.4 Distribuição de frequências da gestão do fluxo de trabalho

O estudo procurou saber se as métricas de gestão do fluxo de trabalho, ou seja, as competências interfuncionais, as competências dos pares, o sistema de apoio, as políticas e a gestão foram determinantes para a adoção de novas tecnologias. No contexto das competências interfuncionais, a maioria dos inquiridos considerou que estas foram fundamentais para a adoção de novas tecnologias, tendo 39,1% respondido que concordam e 23,2% que concordam fortemente. Os que não tinham a certeza se as competências interfuncionais tinham sido fundamentais para a adoção de novas tecnologias eram 29,0%, enquanto um número igual de inquiridos (4,3%) discordava e discordava fortemente da métrica. As competências interfuncionais implicam que o utilizador final é competente em muitas funções, o que alarga a sua base de conhecimentos. Este facto é útil para a capacidade de resolução de problemas do sistema.

Table 4.9: Distribuição de frequências da gestão do fluxo de trabalho

	SA Freq. (%)	A Freq. (%)	U Freq. (%)	D Freq. (%)	SD Freq. (%)
Cross functional competencies	16 23.2%	27 39.1%	20 29.0%	3 4.3%	3 4.3%
Peer's Competencies	6 8.7%	31 44.9%	19 27.5%	12 17.4%	1 1.4%
Support System	18 26.1%	35 50.7%	8 11.6%	7 10.1%	1 1.4%
Policies	17 24.6%	33 47.8%	8 11.6%	10 14.5%	17 24.6%
Management	16 23.2%	44 63.8%	2 2.9%	5 7.2%	2 2.9%

As competências dos pares têm sido fundamentais para a adoção de novas tecnologias, como evidenciado por 44,9% dos inquiridos que escolheram concordar e 8,7% que escolheram concordar fortemente. Um número igual de inquiridos (1,4%) discordou fortemente de que tanto as competências dos pares como o sistema de apoio foram fundamentais para a adoção das novas tecnologias. As competências dos pares são fundamentais para a adoção das novas tecnologias, uma vez que o utilizador final individual dispõe de um sistema de apoio em caso de desafios que surjam na adoção das novas tecnologias. Isto deve-se ao facto de existirem outros trabalhadores que utilizam o sistema e que são capazes de os apoiar na aquisição de conhecimentos sobre o novo sistema.

50,7% dos inquiridos afirmaram (escolheram concordar) que o sistema de apoio tem sido fundamental para a adoção de novas tecnologias, apoiados por 24,6% que escolheram concordar fortemente. As políticas têm sido fundamentais para a adoção de novas tecnologias, tendo 47,8% dos inquiridos respondido que concordam e 11,6% que não têm a certeza. No entanto, um número equivalente de inquiridos (24,6%) escolheu concordar fortemente e discordar fortemente, o que constitui uma contradição na métrica. As políticas são fundamentais para a adoção de novas tecnologias. Quando as directivas políticas determinam que as novas tecnologias devem ser utilizadas para uma determinada função sem que as tecnologias antigas sejam utilizadas, isso acelera a taxa de adoção. A gestão tem sido muito importante na adoção de novas tecnologias, com 63,8% dos inquiridos a concordarem e 23,2% a concordarem fortemente. A administração presta assistência em termos de afetação de orçamento e de tempo livre para a adoção de novas tecnologias, em termos de formação.

4.4.5 Distribuição de frequências da adoção de novas tecnologias

Os níveis de adoção das novas tecnologias foram examinados através de várias métricas que incluíam os novos utilizadores da tecnologia, o tempo necessário para utilizar a nova tecnologia, a utilização correcta da nova tecnologia, a obtenção dos objectivos desejados da nova tecnologia e a frequência da utilização da nova tecnologia. Quanto à questão de saber se a gestão do fluxo de trabalho, a matriz de competências do utilizador final, as atitudes do utilizador final e as características demográficas do utilizador final têm impacto nos utilizadores de novas tecnologias, as respostas foram variadas. A maioria dos inquiridos (62,3%) afirmou que utiliza as novas tecnologias, tendo respondido com um "concordo", enquanto outros 18,8% responderam com um "concordo totalmente". Por outro lado, 4,3% e 1,4% escolheram as opções "discordo" e "discordo totalmente", respetivamente, enquanto 13,0% não tinham a certeza de serem utilizadores de novas tecnologias.

O tempo necessário para utilizar a nova tecnologia tem um efeito nos níveis de adoção da tecnologia, com 59,4% dos inquiridos a apoiarem esta métrica com uma resposta "concordo" e 10,1% com uma resposta "concordo totalmente". O tempo necessário para utilizar a nova tecnologia de forma competente é indicativo dos níveis de adoção das novas tecnologias, sendo que um tempo mais curto indica um nível de adoção mais elevado. Quando questionados sobre se existe uma utilização correcta das novas tecnologias, a maioria dos inquiridos (50,7%=concordo) foi da opinião de que existe uma utilização correcta das novas tecnologias, com apenas 4,3% dos inquiridos a escolherem a opção "discordo fortemente" e 11,6% a escolherem a opção "discordo". A utilização correcta da nova tecnologia é fundamental para garantir que os utilizadores obtenham os melhores benefícios da utilização da nova tecnologia.

Nenhum dos inquiridos escolheu a opção "discordo totalmente" em resposta às métricas "tempo necessário para utilizar a nova tecnologia" e "obtenção dos objectivos desejados com a nova tecnologia". No entanto, 55,1% e 21,7% dos inquiridos escolheram concordar e concordar totalmente em resposta à métrica de obtenção dos objectivos desejados com as novas tecnologias. A maioria dos inquiridos afirmou que a frequência da utilização de novas tecnologias tinha um efeito nos níveis de adoção de novas tecnologias, com 49,3% a escolherem Concordo e 23,2% a escolherem Concordo totalmente. Os que não tinham a certeza de que a frequência de utilização das novas tecnologias influenciava os níveis de adoção das novas tecnologias eram 23,2%, enquanto os que discordavam e discordavam fortemente eram 2,9% e 1,4%, respetivamente. A frequência de utilização da nova tecnologia é um indicador da aceitabilidade e da capacidade de adoção da nova tecnologia. Isto porque a frequência da utilização da nova tecnologia é suscetível de indicar que o utilizador é competente e tem uma atitude positiva em relação à utilização dessa nova tecnologia.

Table 4.10: Distribuição de frequências dos níveis de adoção de novas tecnologias

	SA Freq. (%)	A Freq. (%)	U Freq. (%)	D Freq. (%)	SD Freq. (%)
New users of technology	13 18.8%	43 62.3%	9 13.0%	3 4.3%	1 1.4%
Time taken to use new technology	7 10.1%	41 59.4%	12 17.4%	9 13.0%	0 0.0%
Correct usage of new technology	12 17.4%	35 50.7%	11 15.9%	8 11.6%	3 4.3%
Gaining of desired new technology objectives	15 21.7%	38 55.1%	14 20.3%	2 2.9%	0 0.0%
Frequency of new technology usage	16 23.2%	34 49.3%	16 23.2%	2 2.9%	1 1.4%

4.5 Médias aritméticas simples das variáveis

Foi calculada a média aritmética ou simplesmente a média das variáveis independentes e dependentes. A média aritmética é uma medida de tendência central. As medidas de tendência central são definidas como a medida estatística que identifica um único valor como representante de toda uma distribuição. Este estudo utilizou médias aritméticas simples em que todas as medidas tiveram pesos iguais no cálculo. A métrica de cada uma das variáveis foi medida através da utilização da escala de Likert com os descritores Discordo Totalmente (SD), Discordo (D), Incerto (U), Concordo (A) e Concordo Totalmente (SA). Estes descritores foram representados como 1, 2, 3, 4 e 5, respetivamente, na folha de cálculo de entrada do SPSS. As médias (ц) no estudo foram posteriormente agrupadas em cinco intervalos, ou seja, (4,5< ц <5) indicando tendência para concordar fortemente, (3,5< ц < 4,5) indicando tendência para concordar, (2.5< ц < 3,5) indicando tendência para a incerteza, (1,5< ц <2,5) indicando tendência para discordar e (1 < ц < 1,5) indicando tendência para discordar fortemente.

4.5.1 Meios da Matriz de Competências do Utilizador Final

A fim de obter mais informações sobre se a Matriz de Competências do Utilizador Final teve impacto na adoção de novas tecnologias, foram gerados os meios. As várias métricas da Matriz de Competências do

Utilizador Final cujos meios foram gerados foram as competências técnicas, as competências de resolução de problemas, a proficiência na utilização da Internet, as competências básicas de resolução de problemas informáticos e a capacidade de utilizar menus de autoajuda numa plataforma.

As competências técnicas obtiveram uma média de 3,97, enquanto as competências de resolução de problemas obtiveram uma média de 4,09. A proficiência na utilização da Internet teve uma pontuação média de 4,01, as competências básicas de resolução de problemas informáticos tiveram uma pontuação média de 3,86 e a capacidade de utilizar menus de autoajuda numa plataforma teve uma pontuação média de 3,90. Isto significa que, em média, os inquiridos tendem a concordar que as competências técnicas, as competências de resolução de problemas, a proficiência na utilização da Internet, as competências básicas de resolução de problemas informáticos e a capacidade de utilizar menus de autoajuda numa plataforma têm impacto na adoção de novas tecnologias na KPLC. A média agregada de 3,97 implica que, em média, os inquiridos tendem a concordar que a Matriz de Competências do Utilizador Final tem impacto na adoção de novas tecnologias.

Os resultados deste estudo são coerentes com a literatura analisada. No contexto da utilidade das competências técnicas na adoção de novas tecnologias, este estudo concluiu que os inquiridos tendem a concordar (com uma média de 3,97) com a sua utilidade na adoção de novas tecnologias na KPLC. Isto é coerente com as conclusões do estudo de Mucheru (2013) sobre os factores que influenciam a adoção de sistemas de informação. O estudo observou que os utilizadores dotados de competências técnicas têm melhores capacidades para enfrentar os desafios que surgem, apresentam um nível de confiança mais elevado na sua capacidade de lidar com as novas tecnologias e, por conseguinte, uma atitude globalmente positiva em relação à adoção de novas tecnologias. Estes factores conduzem a níveis mais elevados de adoção das novas tecnologias.

Os resultados do estudo mostram que a proficiência na utilização da Internet (média de 4,01), as competências básicas de resolução de problemas informáticos (média de 3,86) e a capacidade de utilizar menus de autoajuda (média de 3,90) levaram os inquiridos a concordar que estas métricas tinham impacto na adoção de novas tecnologias. Estes resultados são coerentes com as conclusões de Mandola (2013) e Muhangi (2012). Neste contexto, Mandola (2013), ao analisar a adoção do Sistema Integrado de Gestão Fiscal (SIGF) no Quénia, encontrou uma correlação entre a proficiência de um indivíduo na utilização da Internet e a adoção do SIGF entre os utilizadores-alvo do sistema. Por outro lado, Muhangi (2012), num estudo sobre a análise da apresentação em linha no Uganda, concluiu que a capacidade de utilizar os menus de autoajuda numa tecnologia baseada na Web era fundamental para garantir a melhoria dos níveis de adoção de novas tecnologias. Neste contexto, Muhangi (2012) observa que os menus de autoajuda capacitam o utilizador e, por conseguinte, reduzem a perceção da facilidade de utilização.

As pontuações médias das diferentes métricas da Matriz de Competências do Utilizador Final foram classificadas da mais elevada para a mais baixa, de 1 a 5, tendo a classificação 1 a pontuação média mais elevada e a classificação 5 a pontuação média mais baixa. As competências de resolução de problemas foram classificadas em primeiro lugar como a métrica com a média mais elevada de 4,09. Isto significa que, no contexto da matriz do utilizador final, as competências de resolução de problemas foram as mais determinantes para a adoção de novas tecnologias. Seguiram-se a proficiência na utilização da Internet, as competências técnicas, a capacidade de utilizar menus de autoajuda numa plataforma e as competências básicas de resolução de problemas informáticos, que ficaram em segundo, terceiro, quarto e quinto lugares, respetivamente. A média agregada da Matriz de Competências do Utilizador Final foi também determinada obtendo a média das pontuações médias das métricas individuais na Matriz de Competências do Utilizador Final. A pontuação média agregada foi de 3,97 para a Matriz de Competências do Utilizador Final, o que significa que os inquiridos, em média, estavam inclinados a concordar que a Matriz de Competências do Utilizador Final foi fundamental para a adoção de novas tecnologias.

Quadro 4.11: Meios da matriz de competências do utilizador final

	N	Min.	Max.	Mean	Respondents on average tended to	Rank
Technical Skills	69	1	5	3.97	Agree	3
Problem Solving Skills	69	2	5	4.09	Agree	1
Proficiency in internet usage	69	1	5	4.01	Agree	2
Basic Computer Trouble Shooting Skills	69	1	5	3.86	Agree	5
Ability to use self-help menus on a platform	69	1	5	3.90	Agree	4
Aggregate mean				3.97		

4.5.2 Meios de características demográficas do utilizador final

Foram examinadas as médias das respostas dos inquiridos sobre a influência das características demográficas dos utilizadores finais. Neste contexto, as médias da influência da idade, educação, sexo, função e experiência em anos na adoção de novas tecnologias foram de 3,57, 4,23, 2,97, 3,86 e 3,59, respetivamente. Estas respostas indicam que os inquiridos tendem a concordar com a influência da idade, da educação, do cargo e da experiência em anos na adoção de novas tecnologias na KPLC. Este facto deve-se a médias entre 3,5 e 4,5. Por outro lado, os inquiridos tendem a não ter a certeza de que o género tem influência na adoção de novas tecnologias, devido a uma média entre 2,5 e 3,5.

Os resultados que indicam que os inquiridos tendem a concordar com a influência da idade (média de 3,57), da educação (média de 4,23), da função (média de 3,86) e da experiência em anos (média de 3,59) na adoção de novas tecnologias na KPLC são consistentes com outros estudiosos. Os resultados sobre a influência da idade nas novas tecnologias foram consistentes com Baariu (2015) e

Abdelbary (2011). Neste contexto, Baariu (2015) argumentou que os jovens demográficos são geralmente os primeiros a adotar inovações tecnológicas devido a uma maior facilidade de utilização percebida. O resultado sobre os níveis de educação como um fator crítico na adoção de novas tecnologias foi consistente com as conclusões de Abdelbary (2011). Isto foi atribuído ao facto de níveis de educação elevados estarem associados a competências cognitivas elevadas que ajudam na adoção de novas tecnologias.

No contexto da influência da função profissional na adoção de novas tecnologias. Os resultados de que as funções dos inquiridos têm influência na adoção de novas tecnologias (média de 3,86) são consistentes com as conclusões de Gachukia (2012). O estudo de Gachukia (2012) concluiu que os trabalhadores em funções tecnicamente orientadas tinham uma vantagem sobre os seus pares em funções não tecnicamente orientadas no que diz respeito à adoção de novas tecnologias. Do mesmo modo, em termos do papel da experiência em anos na adoção de novas tecnologias, Qatawneh (2015) indicou que os utilizadores que foram expostos a tecnologias semelhantes no passado têm uma maior probabilidade de ter uma atitude positiva em relação à adoção de novas tecnologias (Qatawneh, 2015). Por outro lado, Alzighaibi, Mohammadian, &Talukder (2016) indicam que a experiência em tecnologias da informação (TI) influencia frequentemente a adoção de novas tecnologias, uma vez que a maioria das tecnologias se baseia em TI.

Os resultados deste estudo indicaram que os inquiridos, em média, não tinham a certeza de que o género tivesse influência na adoção de novas tecnologias. Isto deveu-se a uma média de 2,97 que se situava entre 2,5 e 3,5. Isto pode ser atribuído ao facto de as mulheres empregadas na KPLC serem frequentemente orientadas para a técnica e terem frequentado cursos de orientação científica, como engenharia e topografia, entre outros. Por conseguinte, as diferenças que existiriam entre homens e mulheres em termos de facilidade de utilização e utilidade percebida seriam

ser reduzida na KPLC em comparação com a população em geral. A conclusão deste estudo é diferente de outros estudos que analisam os aspectos de género e a adoção de novas tecnologias. Por exemplo, Gachukia (2012), num estudo sobre a influência da demografia na adoção das redes sociais, observou diferenças de género na adoção de novas tecnologias. O estudo observou que a adoção de novas tecnologias pelos homens era fortemente influenciada pela sua perceção de utilidade, enquanto as mulheres eram fortemente influenciadas pela sua perceção de facilidade de utilização. Além disso, o estudo refere que é mais provável que os homens adoptem mais rapidamente as novas tecnologias do que as mulheres. Entre os principais factores que conduziram a uma adoção mais lenta das novas tecnologias está o facto de as mulheres demonstrarem uma atitude mais negativa em relação às tecnologias informáticas.

Estas médias das características demográficas dos utilizadores finais foram classificadas da mais alta para a mais baixa com base nas suas pontuações médias. No contexto das pontuações médias das características demográficas dos utilizadores finais, a educação foi a classificação mais elevada (média de 4,23), a função profissional foi a segunda (média de 3,86), a experiência em anos foi a terceira (média de 3,59), a idade foi a quarta (média de 3,57) e, por último, o sexo com uma média de 2,97. Isto significa que o nível de educação foi o item mais bem classificado na KPLC que teve influência na adoção de novas tecnologias. A média agregada foi de 3,64, o que significa que, no que respeita às características demográficas dos utilizadores finais, os inquiridos tendem a concordar que estas têm impacto na adoção de novas tecnologias.

Tabela 4.12: Médias das características demográficas dos utilizadores finais

	N	Min.	Max.	Mean	Respondents on average tended to	Rank
Age	69	1	5	3.57	Agree	4
Education	69	2	5	4.23	Agree	1
Gender	69	1	5	2.97	Uncertain	5
Job Role	69	1	5	3.86	Agree	2
Experience in years	69	1	5	3.59	Agree	3
Aggregate mean				**3.64**		

4.5.3 Meios de atitudes do utilizador final

O estudo procurou saber, em média, se as atitudes dos utilizadores finais tinham sido fundamentais para a adoção de novas tecnologias. Foram geradas as pontuações médias das métricas individuais no âmbito da matriz das atitudes dos utilizadores finais. Estas métricas eram: a maior parte das novas tecnologias são úteis em funções de trabalho genéricas na KPLC, facilidade de utilização das novas tecnologias, a maior parte das novas tecnologias preserva dados históricos, receção de mudanças nos avanços tecnológicos e necessidade de novas tecnologias para funções de trabalho na KPLC. Em média, os inquiridos tendem a concordar que a maior parte das novas tecnologias são úteis em funções de trabalho genéricas na KPLC, por exemplo, aplicação de férias, formação, etc. (pontuação média=4,26), e que a maior parte das novas tecnologias são úteis numa linha de trabalho específica na KPLC (pontuação média=4,06). Em média, os inquiridos tendem a concordar que consideram a maior parte das novas tecnologias fáceis de utilizar (pontuação média=3,57) e que a maior parte das novas tecnologias preserva os dados históricos na sua área de trabalho (pontuação média=3,81). Além disso, os inquiridos também tendem a concordar que consideram as novas tecnologias necessárias para as funções de trabalho na KPLC (pontuação média = 4,03) e que são receptivos às mudanças nos avanços tecnológicos (pontuação média = 4,39).

Os resultados da influência das atitudes do utilizador final na adoção de novas tecnologias foram apoiados pela literatura analisada. As conclusões de que os inquiridos tendem a concordar que a maioria das novas tecnologias é útil em funções de trabalho genéricas na KPLC (pontuação média=4,26) e que a maioria das novas tecnologias é útil em linhas de trabalho específicas na KPLC (pontuação média=4,06) estão em sintonia com as conclusões de Phan & Daim (2011). Phan & Daim, (2011) observaram que a perceção que o utilizador tem da nova tecnologia é fundamental para melhorar o desempenho do utilizador numa determinada tarefa, o que é determinante para os seus níveis de adoção.

Do mesmo modo, os resultados de que a receção em relação à mudança nos avanços tecnológicos (pontuação média de 4,39) é influente na adoção de novas tecnologias são apoiados pelos estudos de

Bitengo (2015) e Watiri (2013). Neste contexto, Bitengo (2015) observa que uma atitude positiva em relação à mudança permite que o utilizador final seja mais recetivo à aprendizagem das competências da nova tecnologia, reduzindo assim a perceção da facilidade de utilização. Por último, a perceção em relação à nova tecnologia, seja ela positiva ou negativa, tem uma grande influência na adoção de novas tecnologias (Watiri, 2013). Os utilizadores finais com uma perceção positiva em relação à utilização de uma nova tecnologia adoptam-na mais rapidamente.

As médias das métricas sobre as atitudes dos utilizadores finais foram classificadas numa escala de 1 a 6, da média mais alta (1) à média mais baixa (6). Em média, os inquiridos consideram que as novas tecnologias necessárias para as funções de trabalho na KPLC são as mais importantes para a adoção de novas tecnologias entre as métricas sobre a atitude do utilizador final, uma vez que foi classificada em primeiro lugar. As pontuações médias da segunda, terceira, quarta, quinta e sexta classificações corresponderam às métricas a maioria das novas tecnologias é útil em funções de trabalho genéricas na KPLC, por exemplo, pedido de férias, formação, etc., a maioria das novas tecnologias é útil numa linha de trabalho específica na KPLC, os inquiridos são receptivos a mudanças nos avanços tecnológicos, a maioria das novas tecnologias preserva dados historicamente guardados na minha linha de trabalho e considero a maioria das novas tecnologias fácil de utilizar, respetivamente.

No contexto das atitudes do utilizador final, os inquiridos tendem, em média, a concordar que as atitudes do utilizador final têm sido fundamentais para a adoção de novas tecnologias na KPLC Nakuru, Quénia, com uma pontuação média agregada de 4,02 $(3,5 < \mu < 4,5)$. A pontuação média agregada foi gerada fazendo uma média das pontuações médias individuais das métricas da matriz de atitude do utilizador final. Esta média agregada que mostra que os inquiridos tendem a concordar que as atitudes do utilizador final

final

A teoria da ação racional (TRA) e a teoria do comportamento planeado (TPB) são consistentes com a tendência de influenciar a adoção de novas tecnologias. De acordo com Kukafka et al (2003), a TRA indica que a intenção de um utilizador individual de adotar e utilizar novas tecnologias é afetada por interesses pessoais. Os interesses pessoais do utilizador individual de novas tecnologias referem-se à atitude em relação à nova tecnologia após uma avaliação pessoal da facilidade de adoção das novas tecnologias (Azmi & Bee, 2011).

Tabela 4.13: Meios de atitude do utilizador final

	N	Min.	Max.	Mean	Respondents on average tended to;	Rank
Most new technologies are useful in generic work functions at KPLC e.g. leave application, training etc.	69	1	5	4.26	Agree	2
Most new technologies are useful in specific line of work at KPLC	69	1	5	4.06	Agree	3
I find most new technologies easy to use	69	1	5	3.57	Agree	6
Most new technologies preserve historically held data in my line of work	69	1	5	3.81	Agree	5
I am receptive to changes in technology advances	69	1	5	4.03	Agree	4
I consider new technologies necessary for work functions at KPLC	69	1	5	4.39	Agree	1
Aggregate mean				**4.02**		

4.5.4 Meios de gestão do fluxo de trabalho

O estudo procurou saber se, em média, a gestão do fluxo de trabalho tinha sido fundamental para a adoção de novas tecnologias. Os aspectos da gestão do fluxo de trabalho que foram examinados incluíam as competências interfuncionais, as competências dos pares, o sistema de apoio, as políticas e a gestão. Os resultados das médias indicaram que a pontuação média para as competências interfuncionais foi de 3,72, as competências dos pares (3,42), o sistema de apoio (3,90), as políticas (3,80) e a gestão (4,00). Em média, os inquiridos tendem a concordar que a gestão do fluxo de trabalho tem sido fundamental para a adoção de novas tecnologias, sendo a média agregada de 3,7623.

As pontuações médias individuais para as métricas situavam-se todas no intervalo (3,5< u < 4,5), o que significa que, em média, os inquiridos tendiam a concordar que cada métrica tinha sido fundamental para a adoção de novas tecnologias, exceto no que se refere à influência das competências dos pares. A pontuação média para o impacto das competências dos pares na adoção de novas tecnologias foi de 3,42, o que implica que os inquiridos tendem a não ter a certeza de que as competências tiveram impacto na adoção de novas tecnologias. Este facto contrasta com os resultados de Oluochet *al* (2015). Oluoch et al (2015) observaram que a competência dos pares cria um grupo de pessoas que um utilizador individual consulta em momentos de dificuldade na utilização de novas tecnologias. Isto permite aspectos de aprendizagem social. Na ausência de competência entre pares, os utilizadores individuais podem enfrentar mais desafios na aprendizagem e na adoção de novas tecnologias.

Os resultados relativos às competências interfuncionais indicaram que os inquiridos tendiam a concordar (média de 3,72) com o seu impacto na adoção de novas tecnologias. Estes resultados são semelhantes aos resultados de Hamid (2013) e Bultum (2014). Hamid (2013) observa que as competências interfuncionais implicam que os trabalhadores são versáteis na sua matriz de competências, o que conduz a um cenário em que os utilizadores individuais podem ter competências com uma família de tecnologias semelhante ou uma competência de apoio à utilização da tecnologia. Estas competências podem envolver competências em matéria de informação e tecnologia e competências de resolução de problemas, entre outras (Bultum, 2014). Nos casos em que o utilizador tem conhecimentos ou experiência noutra família de tecnologias relacionadas, pode aplicar essas competências a esta nova tecnologia específica.

A gestão foi vista com uma média de 4,00 como tendo impacto na adoção de novas tecnologias. Neste contexto, Alzighaibi et al., (2016) observa que o papel da gestão na adoção de novas tecnologias reside no apoio que oferecem aos seus empregados através da emissão de recursos, aspectos de formação e supervisão, entre outros. Por outro lado, os inquiridos concordam (média de 3,90) que o sistema de apoio é fundamental para a adoção de novas tecnologias. Este facto está em consonância com as conclusões de Krysa (2010). Krysa (2010) observou que ter um sistema de apoio, especialmente nos aspectos técnicos da nova tecnologia, é um fator significativo na adoção de novas tecnologias. A presença de um sistema de apoio permite que os utilizadores finais obtenham ajuda técnica sempre que existam desafios na utilização da tecnologia, bem como dicas que facilitem o trabalho com a nova tecnologia.

Para compreender melhor qual das cinco métricas utilizadas para examinar a gestão do fluxo de trabalho foi considerada mais importante para a adoção das novas tecnologias, as médias foram classificadas numa escala de 1 a 5. A classificação baseou-se no indicador com a média mais elevada classificada em 1 e a mais baixa em 5. A gestão obteve a média mais elevada de 4,00, o que significa que, em média, os inquiridos tendem a concordar que a gestão tem sido mais importante na adoção de novas tecnologias do que as métricas de gestão do fluxo de trabalho. Para obter a perceção dos inquiridos em geral sobre se a gestão do fluxo de trabalho tinha sido fundamental para a adoção de novas tecnologias, foi feita uma média das pontuações médias individuais das métricas para obter a média agregada. A média agregada foi de 3,77, o que significa que os inquiridos, em média, tendiam a concordar (3,5< u < 4,5) que, em geral, a gestão do fluxo de trabalho tinha sido fundamental para a adoção de novas tecnologias.

Quadro 4.14: Meios de gestão do fluxo de trabalho

	N	Min.	Max.	Mean	Respondents on average tended to;	Rank
Cross functional competencies	69	1	5	3.72	Agree	4
Peer's Competencies	69	1	5	3.42	Uncertain	5
Support System	69	1	5	3.90	Agree	2
Policies	69	1	5	3.80	Agree	3
Management	69	1	5	4.00	Agree	1
Aggregate mean				**3.77**		

1.1.5 Meios de níveis de adoção de novas tecnologias

A perceção média dos inquiridos sobre os níveis de adoção de novas tecnologias foi examinada utilizando várias métricas que incluíam os novos utilizadores de tecnologia, o tempo necessário para utilizar a nova tecnologia, a utilização correcta da nova tecnologia, a obtenção dos objectivos desejados com a nova tecnologia e a frequência da utilização da nova tecnologia. A pontuação média correspondente aos novos utilizadores da tecnologia foi de 3,92, o tempo necessário para utilizar a nova tecnologia foi de 3,67 e a utilização correcta da nova tecnologia foi de 3,65. A obtenção dos objectivos desejados com as novas tecnologias teve uma classificação média de 3,96, enquanto a frequência da utilização das novas tecnologias teve uma classificação média de 3,90. Todas as pontuações médias individuais das métricas estavam no intervalo 3,5< u < 4,5, indicando que, em média, os inquiridos tendiam a concordar que cada métrica tinha sido influenciada pelas características do utilizador final.

Quando classificada numa escala de 1 a 5, da média mais alta para a mais baixa, a obtenção dos objectivos desejados com as novas tecnologias teve a média mais alta, o que implica que, em média, os inquiridos tendem a concordar que foi a mais influenciada pelas características do utilizador final, seguida pelos novos utilizadores da tecnologia. A métrica menos influenciada no contexto dos níveis de adoção de novas tecnologias foi a utilização correcta das novas tecnologias. A pontuação média agregada para os níveis de adoção de novas tecnologias foi uma média das pontuações médias das métricas individuais, que foi de 3,82, o que implica que os inquiridos concordaram, em média, que os níveis de adoção de novas tecnologias foram influenciados pelas características do utilizador final.

Quadro 4.15: Médias dos níveis de adoção de novas tecnologias

	N	Min.	Max.	Mean	Respondents on average tended to;	Rank
New users of technology	69	1	5	3.92	Agree	2
Time taken to use new technology	69	2	5	3.67	Agree	4
Correct usage of new technology	69	1	5	3.65	Agree	5
Gaining of desired new technology objectives	69	2	5	3.96	Agree	1
Frequency of new technology usage	69	1	5	3.90	Agree	3
Aggregate mean				**3.82**		

4.6 Desvios-padrão das variáveis

Foram calculados os desvios-padrão das variáveis. O desvio-padrão é uma medida de quanto os dados de uma determinada coleção estão dispersos em torno da média (Peat & Barton, 2005). Por outro lado, Keller (2014) referiu que o desvio-padrão (σ_X) é uma medida utilizada para quantificar a quantidade de variação ou dispersão de um conjunto de dados. Os desvios-padrão foram agrupados em três intervalos, indicando um consenso elevado ($\sigma X < 0,5$), um consenso moderado ($0,5 < \sigma X < 1$) e nenhum consenso ($\sigma X > 1$) (Ruppert, 2004). Por conseguinte, um desvio-padrão baixo significa que as respostas estão agrupadas em torno da média e, consequentemente, um consenso elevado entre os inquiridos relativamente a esse indicador (Wasserman, 2004).

4.6.1 Desvios-padrão da matriz de competências do utilizador final

Foram gerados os desvios-padrão (σX) em relação às métricas individuais. No contexto da Matriz de Competências do Utilizador Final, foram gerados os desvios-padrão das métricas individuais, ou seja, os desvios-padrão das competências técnicas, das competências de resolução de problemas, da proficiência na utilização da Internet, das competências básicas de resolução de problemas informáticos e da capacidade de utilizar menus de autoajuda numa plataforma. As competências técnicas tiveram um desvio-padrão de 1,00, o que significa que não houve consenso ($\sigma X \geq 1$) entre os inquiridos sobre se foram fundamentais para a adoção de novas tecnologias. As competências de resolução de problemas tiveram um desvio-padrão de 0,74, a proficiência na utilização da Internet teve um desvio-padrão de 0,95, as competências básicas de resolução de problemas informáticos tiveram um desvio-padrão de 0,88 e a capacidade de utilizar menus de autoajuda numa plataforma teve um desvio-padrão de 0,89. Estes desvios-padrão implicavam que havia um consenso moderado quanto ao facto de terem sido fundamentais para a adoção de novas tecnologias ($0,5 < \sigma X < 1$).

Os desvios-padrão foram classificados do mais baixo para o mais alto com base nas pontuações do desvio-padrão, sendo o desvio-padrão mais baixo classificado em 5, indicando um maior consenso, enquanto o desvio-padrão mais alto foi classificado em 1, indicando o nível mais baixo de consenso. A capacidade de resolução de problemas foi classificada em 1, o que representa o nível mais elevado de consenso dos inquiridos, uma vez que se aproxima mais de 0,5 (consenso elevado) do que todas as outras métricas. Isto significa que houve um consenso comparativamente mais elevado entre os inquiridos quanto ao facto de as competências de resolução de problemas serem fundamentais para a adoção de novas tecnologias na KPLC Nakuru, Quénia, entre as métricas da Matriz de Competências do Utilizador Final.

As competências técnicas foram classificadas em 5.º lugar (desvio-padrão de 1,00), o que significa que houve um consenso comparativamente baixo entre os inquiridos no que diz respeito à sua influência na adoção de novas tecnologias na KPLC. A proficiência na utilização da Internet, a capacidade de utilizar menus de autoajuda numa plataforma e as competências básicas de resolução de problemas informáticos foram classificadas em 2.º, 3.º e 4.º lugar, respetivamente. O desvio-padrão agregado foi obtido através da média dos desvios-padrão individuais das métricas da Matriz de Competências do Utilizador Final. O desvio-padrão agregado das métricas da Matriz de Competências do Utilizador Final foi de 0,89, o que significa que as respostas foram moderadamente distribuídas em torno da média para todas as métricas, o que significa que houve um consenso moderado de que todas as métricas da Matriz de Competências do Utilizador Final foram fundamentais para a adoção de novas tecnologias

Tabela 4.16: Desvios-padrão da matriz de competências do utilizador final

	N	Std. Deviation	Responses distribution around the mean;	Rank
Technical Skills	69	1.00	Widely	1
Problem Solving Skills	69	0.74	Moderately	5
Proficiency in internet usage	69	0.95	Moderately	2
Basic Computer Trouble Shooting Skills	69	0.88	Moderately	4
Ability to use self-help menus on a platform	69	0.89	Moderately	3
Aggregate		**0.89**		

1.1.2 Desvios-padrão das características demográficas dos utilizadores finais

Foram gerados os desvios padrão das várias métricas sobre as características demográficas dos utilizadores finais. Estas métricas eram a idade, as habilitações literárias, o género, o cargo e a experiência em anos. O desvio-padrão para a idade foi de 1,21, o desvio-padrão para as habilitações literárias foi de 0,77 e o desvio-padrão para o género foi de 1,22. A função profissional e a experiência em anos tiveram desvios-padrão de 0,96 e 1,13, respetivamente. A educação e a função profissional tiveram desvios-padrão no intervalo $0,5<cX<1$, ou seja, 0,77 e 0,96, respetivamente, o que significa que as respostas foram moderadamente distribuídas em torno da média, o que significa que houve um consenso moderado entre os inquiridos quanto ao facto de a educação e a função profissional terem sido fundamentais para a adoção de novas tecnologias. Por outro lado, não houve consenso ($cX>1$) entre os inquiridos quanto ao facto de a idade, o sexo e a experiência em anos terem sido determinantes para a adoção de novas tecnologias, uma vez que as respostas se distribuíram amplamente em torno da média.

Os desvios-padrão das características demográficas dos utilizadores finais foram classificados numa escala de 1 a 5, tendo o indicador classificado em 1 o desvio-padrão mais elevado. Na classificação, o género foi classificado em primeiro lugar, com um desvio-padrão de 1,22. Isto significa que, em comparação com outras características demográficas dos utilizadores finais, o género foi o aspeto menos consensual entre os inquiridos no que diz respeito à sua influência na adoção de novas tecnologias. A idade ficou em segundo lugar, a experiência em anos em terceiro, a função profissional em quarto e a educação em quinto. Isto significa que, em termos comparativos, a educação obteve o maior consenso entre os inquiridos em relação à sua influência na adoção de novas tecnologias na KPLC. O desvio-padrão agregado das características demográficas do utilizador final foi de 1,06, obtido através da média dos desvios-padrão individuais das métricas das características demográficas do utilizador final, o que significa que, em média, as respostas estavam amplamente distribuídas em torno da média, não revelando consenso ($uX>1$) em geral.

Tabela 4.17: Desvios-padrão das características demográficas dos utilizadores finais

	N	Std. Deviation	Responses distribution around the mean;	Rank
Age	69	1.21	Widely	2
Education	69	0.77	Moderately	5
Gender	69	1.22	Widely	1
Job Role	69	0.96	Moderately	4
Experience in years	69	1.13	Widely	3
Aggregate Standard Deviation		**1.06**		

1.1.3 Desvios-padrão das atitudes dos utilizadores finais

Os desvios-padrão das métricas sobre as atitudes dos utilizadores finais foram gerados para mostrar como as respostas se distribuíam em torno da média e para saber se o consenso era elevado, moderado ou nulo. A maioria das novas tecnologias são úteis em funções de trabalho genéricas na KPLC teve um desvio-padrão de 0,76, a maioria das novas tecnologias são úteis numa linha de trabalho específica na KPLC teve um desvio-padrão de 0,97, enquanto a facilidade de utilização das novas tecnologias teve um desvio-padrão de 1,02. O desvio-padrão para a maioria das novas tecnologias preservar os dados históricos no meu sector de atividade foi de 0,99 e o desvio-padrão da receção dos avanços tecnológicos foi de 0,97. Por outro lado, o desvio-padrão da necessidade de novas tecnologias para as funções de trabalho na KPLC foi de 0,83.

Todas as métricas sobre as atitudes dos utilizadores finais tinham desvios-padrão moderadamente distribuídos em torno da média, com exceção da facilidade de utilização das novas tecnologias, que estava amplamente distribuída. A facilidade de utilização das novas tecnologias foi amplamente distribuída devido a médias superiores a 1,0. Isto implica que, à exceção da facilidade de utilização das novas tecnologias, que não teve consenso (devido $\sigma X>1$), houve um consenso moderado (devido a $0,5<\sigma X<1$) sobre a influência das métricas individuais na adoção de novas tecnologias na KPLC.

Os desvios-padrão foram classificados numa escala de 1 a 6, sendo o desvio-padrão mais elevado de 1,02 classificado como número 1 e o desvio-padrão mais baixo de 0,76 classificado como número 6. A maioria das novas tecnologias é útil em funções de trabalho genéricas na KPLC, que obteve o desvio-padrão mais baixo de 0,76, o que implica que, em comparação com outras atitudes dos utilizadores, houve níveis mais elevados de consenso relativamente à sua influência na adoção de novas tecnologias. O desvio-padrão agregado das atitudes dos utilizadores finais foi de 0,92, o que resultou da média dos desvios-padrão das métricas individuais. Isto significa que houve um consenso moderado ($0,5 < \sigma X < 1$) de que a atitude do utilizador final foi fundamental para a adoção de novas tecnologias na KPLC Nakuru, Quénia.

Tabela 4.18: Desvios-padrão das atitudes dos utilizadores finais

	N	Std. Deviation	Responses distribution around the mean;	Rank
Most new technologies are useful in generic work functions at KPLC e.g. leave application, training etc.	69	0.76	Moderately	6
Most new technologies are useful in specific line of work at KPLC	69	0.97	Moderately	4
I find most new technologies easy to use	69	1.02	Widely	1
Most new technologies preserve historically held data in my line of work	69	0.99	Moderately	2
I am receptive to changes in technology advances	69	0.97	Moderately	3
I consider new technologies necessary for work functions at KPLC	69	0.83	Moderately	5
Aggregate		**0.92**		

1.1.4 Desvios-padrão da gestão do fluxo de trabalho

O estudo procurou conhecer a distribuição das respostas em torno da média e verificar se existia consenso relativamente a uma determinada métrica. As métricas cujos desvios-padrão foram utilizados foram as competências interfuncionais, as competências dos pares, o sistema de apoio, as políticas e a gestão. Os desvios-padrão das competências interfuncionais e das políticas estavam amplamente distribuídos em torno da média, devido a desvios-padrão de 1,01 e 1,02, respetivamente. Isto significa que não houve consenso ($\sigma X > 1$) quanto ao facto de terem sido instrumentais na adoção de novas tecnologias. As competências dos pares, o sistema de apoio e a gestão tiveram desvios-padrão moderadamente distribuídos em torno da média devido a desvios-padrão de 0,93, 0,98 e 0,91, respetivamente. Isto implicou um consenso moderado entre os inquiridos sobre a influência das métricas individuais na adoção de novas tecnologias, devido ao desvio-padrão de (0,5<cX<1).

Foram atribuídas classificações numa escala de 1 a 5 aos desvios-padrão, desde o desvio-padrão mais elevado (1) até ao desvio-padrão mais baixo (5). O desvio-padrão mais baixo foi o da gestão (desvio-padrão de 0,91), o que significa que existia um nível comparativamente mais elevado de consenso quanto ao facto de ter sido fundamental para a adoção de novas tecnologias entre as métricas relativas à gestão do fluxo de trabalho. O desvio-padrão agregado em relação à gestão do fluxo de trabalho foi de 0,97, o que constituiu uma média dos desvios-padrão individuais das métricas de gestão do fluxo de trabalho. Isto significa que os inquiridos têm um consenso moderado de que a gestão do fluxo de trabalho foi fundamental para a adoção de novas tecnologias, devido aos desvios-padrão entre $0,5<\sigma_x <1$.

Quadro 4.19: Desvios-padrão da gestão do fluxo de trabalho

	N	Std. Deviation	Responses distribution around the mean;	Rank
Cross functional competencies	69	1.01	Widely	2
Peer's Competencies	69	0.93	Moderately	4
Support System	69	0.96	Moderately	3
Policies	69	1.02	Widely	1
Management	69	0.91	Moderately	5
Aggregate		**0.97**		

4.6.5 Desvios-padrão da adoção de novas tecnologias

Os desvios-padrão no contexto dos níveis de adoção de novas tecnologias foram examinados utilizando os novos utilizadores de tecnologia, o tempo necessário para utilizar a nova tecnologia, a utilização correcta da nova tecnologia, a obtenção dos objectivos desejados com a nova tecnologia e a frequência de utilização da nova tecnologia, a fim de ver o comportamento das respostas em torno das respectivas médias. Os desvios-padrão para os novos utilizadores de tecnologia (0,73), o tempo necessário para utilizar a nova tecnologia (0,83), a obtenção dos objectivos desejados com a nova tecnologia (0,74) e a frequência de utilização da nova tecnologia (0,84) distribuíram-se moderadamente em torno da média. Isto deve-se ao facto de os desvios-padrão se situarem entre 0,5 e 1, o que implica um consenso moderado entre os inquiridos relativamente à influência da Matriz de Competências do Utilizador Final, da atitude do utilizador final, da demografia do utilizador final e da gestão do fluxo de trabalho na adoção das novas tecnologias na KPLC. A utilização correcta das novas tecnologias teve um desvio-padrão de 1,04, o que significa que as respostas se distribuíram amplamente em torno da média e, por conseguinte, não houve consenso quanto à influência das características do utilizador final.

Quando os desvios-padrão foram classificados do mais baixo para o mais alto numa escala de 1 a 5, ou seja, o desvio-padrão mais alto foi classificado em 1 e o desvio-padrão mais baixo foi classificado em 5. A obtenção dos objectivos desejados para as novas tecnologias teve o desvio-padrão mais baixo, o que significa que houve um consenso comparativamente maior do que nas outras métricas sobre os níveis de adoção de novas tecnologias, que foi o mais influenciado pelas características do utilizador final. O desvio-padrão agregado para a adoção de novas tecnologias, que foi a média dos desvios-padrão das métricas, foi de 0,85, o que implica que houve um consenso moderado (0,5<cX<1) entre os inquiridos de que os níveis de adoção de novas tecnologias foram influenciados pelas características do utilizador final.

Quadro 4.20: Desvios-padrão da adoção de novas tecnologias

	N	Std. Deviation	Responses distribution around the mean;	Rank
New users of technology	69	0.79	Moderately	4
Time taken to use new technology	69	0.83	Moderately	3
Correct usage of new technology	69	1.04	Widely	1
Gaining of desired new technology objectives	69	0.74	Moderately	5
Gaining of desired new technology objectives	69	0.84	Moderately	2
Aggregate		**0.85**		

4.7 Estatísticas de normalidade

A normalidade da Matriz de Competências do Utilizador Final foi examinada utilizando as medidas de assimetria e curtose. A assimetria refere-se ao grau de simetria na distribuição da variável, enquanto a curtose se refere à nitidez do pico de uma curva de distribuição de frequências (Ruppert, 2004). A curtose também foi definida como a medida da espessura ou do peso das caudas de uma distribuição (Patzer, 2006). A curtose é um parâmetro que descreve a forma da distribuição de probabilidade de uma variável aleatória. O intervalo das pontuações da assimetria e da curtose para a normalidade assumida é de -3,0 a 3,0 e de -10,0 a 10,0, respetivamente. A assimetria e a curtose da Matriz de Competências do Utilizador Final satisfazem as condições de normalidade, conforme ilustrado na Tabela 4.21.

Tabela 4.21: Normalidade da matriz de competências do utilizador final

	N	Skewness Scores	Skewness within -3.0 to 3.0 range?	Kurtosis Scores	Kurtosis within -10.0 to10 range?	Is Normality Condition Satisfied?
Technical Skills	69	-1.124	Yes	1.096	Yes	Yes
Problem Solving Skills	69	-.586	Yes	.342	Yes	Yes
Proficiency in internet usage	69	-1.099	Yes	1.027	Yes	Yes
Basic Computer Trouble Shooting Skills	69	-.913	Yes	1.048	Yes	Yes
Ability to use self-help menus on a platform	69	-.815	Yes	.796	Yes	Yes

A normalidade das características demográficas dos utilizadores finais foi examinada utilizando as medidas de assimetria e curtose. O intervalo das pontuações de assimetria e curtose para a normalidade assumida é de -3,0 a 3,0 e de -10,0 a 10,0, respetivamente. Uma vez que as pontuações de assimetria e curtose para os dados demográficos dos utilizadores finais se situavam entre -3,0 e 3,0 para os níveis de assimetria e entre -10,0 e 10,0 para as pontuações de curtose, o pressuposto de normalidade foi cumprido, conforme ilustrado na Tabela 4.22.

Table 4.22: Normalidade das características demográficas do utilizador final

	N	Skewness Scores	Skewness within -3.0 to 3.0 range?	Kurtosis Scores	Kurtosis within -10.0 to10 range?	Is Normality Condition Satisfied?
Age	69	-.753	Yes	-.304	Yes	Yes
Education	69	-1.026	Yes	1.230	Yes	Yes
Gender	69	.085	Yes	-.994	Yes	Yes
Job Role	69	-1.040	Yes	1.133	Yes	Yes
Experience in years	69	-.462	Yes	-.770	Yes	Yes

A normalidade das atitudes dos utilizadores finais foi examinada utilizando as medidas de assimetria e curtose. Uma vez que as pontuações de assimetria e curtose das atitudes dos utilizadores finais se situavam entre -3,0 e 3,0 para os níveis de assimetria e entre -10,0 e 10,0 para as pontuações de curtose, o pressuposto de normalidade foi cumprido, como ilustrado no Quadro 4.23. Por conseguinte, assumiu-se a normalidade das atitudes dos utilizadores finais.

Table 4.23: Normalidade das atitudes do utilizador final

	N	Skewness Scores	Skewness within -3.0 to 3.0 range?	Kurtosis Scores	Kurtosis within -10.0 to10 range?	Is Normality Condition Satisfied?
Most new technologies are useful in generic work functions at KPLC e.g. leave application, training etc.	69	-1.534	Yes	4.396	Yes	Yes
Most new technologies are useful in specific line of work at KPLC	69	-1.019	Yes	.678	Yes	Yes
I find most new technologies easy to use	69	-.736	Yes	-.201	Yes	Yes
Most new technologies preserve historically held data in my line of work	69	-1.109	Yes	.909	Yes	Yes
I am receptive to changes in technology advances	69	-1.155	Yes	1.436	Yes	Yes
I consider new technologies necessary for work functions at KPLC	69	-1.816	Yes	4.255	Yes	Yes

A normalidade da gestão do fluxo de trabalho foi examinada utilizando as medidas de assimetria e curtose. Uma vez que as pontuações de assimetria e curtose para a gestão do fluxo de trabalho se situavam entre -3,0 e 3,0 para os níveis de assimetria e entre -10,0 e 10,0 para as pontuações de curtose, o pressuposto de normalidade foi cumprido, como ilustrado no Quadro 4.24.

Table 4.24: Normalidade da gestão do fluxo de trabalho

	N	Skewness Scores	Skewness within -3.0 to 3.0 range?	Kurtosis Scores	Kurtosis within -10.0 to10 range?	Is Normality Condition Satisfied?
Cross functional competencies	69	-.728	Yes	.523	Yes	Yes
Peer's Competencies	69	-.382	Yes	-.461	Yes	Yes
Support System	69	-.932	Yes	.562	Yes	Yes
Policies	69	-.766	Yes	-.139	Yes	Yes
Management	69	-1.525	Yes	2.820	Yes	Yes

A normalidade da nova tecnologia foi examinada utilizando as medidas de assimetria e curtose. Uma vez que as pontuações de assimetria e curtose da nova tecnologia se situavam entre -3,0 e 3,0 para os níveis de assimetria e entre -10,0 e 10,0 para as pontuações de curtose, o pressuposto de normalidade foi cumprido, conforme ilustrado no Quadro 4.25.

Table 4.25: Normalidade da nova tecnologia

	N	Skewness Scores	Skewness within -3.0 to 3.0 range?	Kurtosis Scores	Kurtosis within -10.0 to10 range?	Is Normality Condition Satisfied?
New users of technology	69	-1.150	Yes	2.531	Yes	Yes
Time taken to use new technology	69	-.707	Yes	-.006	Yes	Yes
Correct usage of new technology	69	-.863	Yes	.288	Yes	Yes
Gaining of desired new technology objectives	69	-.386	Yes	.076	Yes	Yes
Frequency of new technology usage	69	-.714	Yes	1.021	Yes	Yes

4.8 Estatística Inferencial

As estatísticas inferenciais são utilizadas para tirar conclusões sobre um determinado fenómeno da população (Sekaran, 2003). As estatísticas inferenciais foram examinadas utilizando o teste de hipóteses e as estatísticas de regressão linear múltipla.

4.8.4 Teste de hipóteses

Para efeitos de teste de hipóteses, este estudo utilizou as etapas de teste de hipóteses enumeradas por Kothari no livro *Research Methodology; Methods and Techniques*. De acordo com Kothari (2004), uma hipótese de investigação é uma declaração preditiva que relaciona uma variável independente com uma variável dependente. A hipótese de investigação também foi definida como uma proposição ou um conjunto de proposições apresentadas como uma explicação para a ocorrência de um grupo específico de fenómenos, quer afirmada meramente como uma conjetura provisória para orientar uma investigação, quer aceite como altamente provável à luz de factos estabelecidos. De acordo com Kothari (2004), existem seis passos que devem ser utilizados no teste de hipóteses: (i) fazer uma declaração formal, (ii) selecionar um nível de significância, (iii) decidir sobre a distribuição a utilizar, (iv) selecionar uma amostra aleatória e calcular um valor adequado, (v) calcular a variável e (vi) comparar a probabilidade.

No que diz respeito ao primeiro passo de fazer uma declaração formal, este passo está relacionado com a declaração formal da hipótese nula (H0) e também da hipótese alternativa (*Ha*). O nível de significância (geralmente expresso em percentagem) refere-se à percentagem de risco que o investigador está disposto a correr ao rejeitar a hipótese nula quando a hipótese nula é de facto verdadeira (Kothari, 2004). O nível de significância é, por conseguinte, o valor máximo de rejeição da hipótese nula quando esta é verdadeira. É também referido como a probabilidade de cometer um erro de tipo I, ou seja, a probabilidade de rejeitar H0 quando H0 é verdadeira. O nível de significância deste estudo foi fixado em 5% (Kothari, 2004).

A terceira e quarta etapas, que consistem na seleção de uma amostra aleatória e no cálculo do seu valor adequado, foram realizadas através da utilização do software SPSS. Neste contexto, as métricas individuais das variáveis independentes foram regredidas contra uma variável composta da variável independente com o objetivo de obter o valor p. A estatística do valor p foi então examinada para determinar a viabilidade de cada modelo de regressão. Os indicadores para as variáveis eram cinco indicadores para a Matriz de Competências do Utilizador Final, características demográficas do utilizador final e gestão do fluxo de trabalho, enquanto os indicadores para as atitudes do utilizador final eram seis. A última etapa do teste de hipóteses envolveu a comparação do valor p calculado com o nível de significância definido.

Por conseguinte, a fim de testar a hipótese relativa à influência da matriz de competências do utilizador final na adoção de novas tecnologias na Kenya Power and Lighting Company, Quénia, foram utilizadas as seguintes hipóteses nula (**H01**) e alternativa (**Ha1**);

> **H01:** A matriz de competências do utilizador final não tem influência significativa na adoção de novas tecnologias na Kenya Power and Lighting Company, Quénia
>
> **Ha1:** A matriz de competências do utilizador final tem uma influência significativa na adoção de novas tecnologias na Kenya Power and Lighting Company, Quénia

No que respeita à decisão de rejeitar ou aceitar a hipótese nula (H01) e a hipótese alternativa (Ha1), foi utilizado o método do valor p. Neste contexto, o valor p para a hipótese unidirecional

A ANOVA para a matriz de competências do utilizador final foi inferior a 0,05, o que levou à rejeição da hipótese nula (H01). Por conseguinte, a hipótese nula (H01) de que a matriz de competências do utilizador final não tem influência significativa na adoção de novas tecnologias na Kenya Power and Lighting Company, Quénia, foi rejeitada, uma vez que $p=0{,}049<0{,}05$. Assim, a hipótese alternativa de que a matriz de competências do utilizador final tem uma influência significativa na adoção de novas tecnologias na Kenya Power and Lighting Company, Quénia, foi aceite.

Para testar a hipótese relativa à influência das características demográficas do utilizador final na adoção de novas tecnologias na Kenya Power and Lighting Company, Quénia, foram utilizadas as seguintes hipóteses nula (H02) e alternativa (Ha2);

H02: As características demográficas dos utilizadores finais não têm influência significativa na adoção de novas tecnologias na Kenya Power and Lighting Company, Quénia

Ha2: As características demográficas dos utilizadores finais têm uma influência significativa na adoção de novas tecnologias na Kenya Power and Lighting Company, Quénia

O valor p da ANOVA unidirecional para as características demográficas dos utilizadores finais foi superior a 0,05, o que levou à aceitação da hipótese nula. Por conseguinte, a hipótese nula (H02) de que as características demográficas dos utilizadores finais não têm influência significativa na adoção de novas tecnologias na Kenya Power and Lighting Company, Quénia, foi aceite, uma vez que $p=0,367>0,05$. Assim, a hipótese alternativa de que as características demográficas dos utilizadores finais têm uma influência significativa na adoção de novas tecnologias na Kenya Power and Lighting Company, Quénia, foi rejeitada.

Para testar a hipótese relativa à influência das atitudes do utilizador final na adoção de novas tecnologias na Kenya Power and Lighting Company, Quénia, foram utilizadas as seguintes hipóteses nula (H03) e alternativa (Ha3);

(1) H03: As atitudes dos utilizadores finais não têm influência significativa na adoção de novas tecnologias na Kenya Power and Lighting Company, Quénia

Ha3: As atitudes dos utilizadores finais têm uma influência significativa na adoção de novas tecnologias na Kenya Power and Lighting Company, Quénia

O valor p da ANOVA unidirecional para a atitude do utilizador final foi de 0,005, o que levou à rejeição da hipótese nula. Por conseguinte, a hipótese nula (H03) de que as atitudes dos utilizadores finais não têm influência significativa na adoção de novas tecnologias na Kenya Power and Lighting Company, Quénia, foi rejeitada, uma vez que p=0,005<0,05. Assim, a hipótese alternativa de que as atitudes dos utilizadores finais têm uma influência significativa na adoção de novas tecnologias na Kenya Power and Lighting Company, Quénia, foi aceite.

A fim de testar a hipótese relativa à influência da gestão do fluxo de trabalho na adoção de novas tecnologias na Kenya Power and Lighting Company, Quénia, foram utilizadas as seguintes hipóteses nula (**H04**) e alternativa (**Ha4**);

H04: A gestão do fluxo de trabalho não tem influência significativa na adoção de novas tecnologias na Kenya Power and Lighting Company, Quénia

Ha4: A gestão do fluxo de trabalho tem uma influência significativa na adoção de novas tecnologias na Kenya Power and Lighting Company, Quénia

O valor p da ANOVA unidirecional para a atitude do utilizador final foi de 0,000, o que levou à rejeição da hipótese nula. Por conseguinte, a hipótese nula (H04) de que a gestão do fluxo de trabalho não tem influência significativa na adoção de novas tecnologias na Kenya Power and Lighting Company, Quénia, foi rejeitada, uma vez que p=0,005<0,05. Assim, a hipótese alternativa de que a gestão do fluxo de trabalho tem uma influência significativa na adoção de novas tecnologias na Kenya Power and Lighting Company, Quénia, foi aceite.

Table 4.26: Teste de hipóteses utilizando o valor p

Hypothesis Tested	**P Value Method**		**Conclusion**
	P Value	Is p value < 0.05?	
$\mathbf{H_{01}}$	0.049	Yes	Reject H_{01}
$\mathbf{H_{02}}$	0.367	No	Accept H_{02}
$\mathbf{H_{03}}$	0.005	Yes	Reject H_{03}
$\mathbf{H_{04}}$	0.000	Yes	Reject H_{04}

4.8.2 Regressão Linear Múltipla

O estudo procurou examinar a influência das quatro variáveis independentes na variável dependente de forma cumulativa. Isto foi feito determinando as regressões lineares múltiplas que deram os coeficientes de correlação múltipla denotados como R de 0,723. Isto indicou que as variáveis independentes, ou seja, a Matriz de Competências do Utilizador Final, as características demográficas do utilizador final, as atitudes do utilizador final e a gestão do fluxo de trabalho estavam moderada e positivamente correlacionadas com os níveis de adoção de novas tecnologias. A variação dos níveis de adoção de novas tecnologias pode ser explicada até 52,3% pelas variáveis independentes, tal como indicado pelo coeficiente de determinação (R^2) de 0,523. Por conseguinte, existem outros factores não presentes no atual modelo de regressão que explicam 47,7% da variação dos níveis de adoção de novas tecnologias.

Table 4.27: Resumo do modelo

Model	R	R Square	Adjusted R Square	Std. Error of the Estimate
1	.723[a]	.523	.494	.46960

a. Preditores: (Constante), Atitudes do utilizador final, Matriz de competências do utilizador final, Utilizador final
Características demográficas, gestão do fluxo de trabalho

A viabilidade global do modelo de regressão foi verificada através da realização da ANOVA. O valor p da ANOVA foi de 0,000, o que indica que não existe qualquer probabilidade (0,0%) de o modelo de regressão apresentar uma previsão incorrecta. O valor p de 0,000 era inferior ao limiar de 0,05, o que significava que o modelo era fiável.

Table 4.28: ANOVAa

Model		Sum of Squares	df	Mean Square	F	Sig.
1	Regression	15.498	4	3.875	17.570	.000[b]
	Residual	14.113	64	.221		
	Total	29.612	68			

a. Variável dependente: Níveis de adoção de novas tecnologias
b. Preditores: (Constante), Atitudes do utilizador final, Matriz de competências do utilizador final, Dados demográficos do utilizador final
Características, Gestão do fluxo de trabalho

Foram examinados os coeficientes das variáveis independentes individuais (Matriz de Competências do Utilizador Final, características demográficas do utilizador final, atitudes do utilizador final e gestão do fluxo de trabalho). O modelo de regressão resultante foi;

Níveis de adoção de novas tecnologias =0,951 - 0,051 (Matriz de competências do utilizador final) - 0,047 (Características demográficas do utilizador final) + 0,203 (Atitudes do utilizador final) + 0,645 (Gestão do fluxo de trabalho)

Este modelo de regressão indica que um aumento unitário na Matriz de Competências do Utilizador Final, mantendo-se constantes os outros factores, resultaria numa diminuição de 0,051 nos níveis de adoção de novas tecnologias. Do mesmo modo, um aumento unitário nas características demográficas do utilizador final resultaria numa diminuição de 0,047 nos níveis de adoção de novas tecnologias, mantendo-se as outras variáveis constantes. Isto indica que tanto a Matriz de Competências do Utilizador Final como as características demográficas do utilizador final não podem influenciar positivamente os níveis de adoção de novas tecnologias individualmente. Um aumento unitário nas atitudes do utilizador final resultaria num aumento de 0,203 nos níveis de adoção de novas tecnologias, mantendo-se constantes as outras métricas, enquanto um aumento unitário na gestão do fluxo de trabalho resultaria num aumento de 0,645 nos níveis de adoção de novas tecnologias, mantendo-se constantes as outras métricas. Isto implica que tanto as atitudes do utilizador final como a gestão do fluxo de trabalho influenciam individualmente e de forma positiva os níveis de adoção de novas tecnologias.

Table 4.29: Coeficientes[a]

Model	Unstandardized Coefficients		Standardized Coefficients	t	Sig.
	B	Std. Error	Beta		
(Constant)	.951	.496		1.917	.060
End User Skills Matrix	-.051	.102	-.050	-.498	.620
End User Demographic Characteristics	-.047	.106	-.044	-.447	.656
End User Attitudes	.203	.109	.182	1.872	.066
Work Flow Management	.645	.102	.666	6.343	.000

a. Variável Dependente: Níveis de adoção de novas tecnologias

CAPÍTULO CINCO
RESUMO, CONCLUSÕES E RECOMENDAÇÕES

5.1 Introdução

Este capítulo resume os resultados e as conclusões do capítulo 4 e descreve as recomendações sugeridas pelos resultados. O estudo estava interessado em examinar as influências das características do utilizador final na adoção de novas tecnologias na KPLC Nakuru, no Quénia. Esta questão foi investigada analisando especificamente as influências da Matriz de Competências do Utilizador Final, das características demográficas do utilizador final, das atitudes do utilizador final e da gestão do fluxo de trabalho na adoção de novas tecnologias. Foi utilizada uma amostra de 73 inquiridos de vários departamentos, incluindo gestão regional, conceção e construção, finanças, cadeia de abastecimento, transportes, serviços técnicos, segurança, tecnologia da informação e das comunicações, serviço de apoio ao cliente e recursos humanos e administração, tendo sido utilizados 69 questionários para a análise dos dados, o que deu uma taxa de resposta de 94,5%.

5.2 Resumo das conclusões

O estudo permitiu conhecer o impacto da Matriz de Competências do Utilizador Final na adoção de novas tecnologias. As competências de resolução de problemas obtiveram a média mais elevada de 4,09, indicando que foram as mais determinantes para a adoção de novas tecnologias, seguidas da proficiência na utilização da Internet, das competências técnicas, da capacidade de utilizar menus de autoajuda numa plataforma e das competências básicas de resolução de problemas informáticos. A pontuação média agregada foi de 3,97 (média das pontuações médias das métricas individuais) para a matriz de competências do utilizador final, o que significa que os inquiridos, em média, estavam inclinados a concordar que a matriz de competências do utilizador final foi fundamental para a adoção de novas tecnologias.

As competências técnicas tiveram um desvio-padrão de 1,00, o que significa que houve um consenso comparativamente baixo entre os inquiridos relativamente à sua influência na adoção de novas tecnologias na KPLC. As competências de resolução de problemas, a proficiência na utilização da Internet, as competências básicas de resolução de problemas informáticos e a capacidade de utilizar menus de autoajuda numa plataforma tinham um desvio-padrão entre 0,5 e 0,00, o que significa que existia um consenso moderado quanto à sua influência na adoção de novas tecnologias. O desvio-padrão agregado foi de 0,89 (média dos desvios-padrão individuais das métricas da matriz de competências do utilizador final), o que significa que houve um consenso moderado de que, em geral, a matriz de competências do utilizador final foi fundamental para a adoção de novas tecnologias

No contexto das características demográficas do utilizador final, a educação, que não teve nenhuma resposta fortemente discordante, teve a pontuação média mais elevada (4,23), o que significa que, entre as características demográficas do utilizador final, os inquiridos concordaram, em média, que foi mais importante para a adoção de novas tecnologias na KPLC Nakuru, Quénia, seguindo-se a função profissional, a experiência em anos e a quarta idade. A pontuação média mais baixa foi a do sexo, em que os inquiridos não tinham, em média, a certeza de que tinha sido determinante para a adoção de novas tecnologias na KPLC Nakuru, Quénia, com uma pontuação média de 2,97. A média agregada das características demográficas dos utilizadores finais foi de 3,64 (média das pontuações médias individuais das métricas relativas às características demográficas dos utilizadores finais), o que significa que os inquiridos tendiam, em média, a concordar que as características demográficas dos utilizadores finais tinham sido determinantes para a adoção de novas tecnologias na KPLC Nakuru, Quénia. A educação e a função profissional tinham desvios-padrão no intervalo $0{,}5 < \sigma X < 1$, o que significa que as respostas estavam moderadamente distribuídas em torno da média, o que implica que houve um consenso moderado entre os inquiridos sobre o seu papel na adoção de novas tecnologias.

Por outro lado, não houve consenso ($\sigma X > 1$) entre os inquiridos quanto ao facto de a idade, o sexo e a experiência em anos terem sido fundamentais para a adoção de novas tecnologias, uma vez que as respostas se distribuíram amplamente em torno da média. A educação teve o menor desvio-padrão entre as métricas, o que significa que, comparativamente, teve o maior consenso entre os inquiridos em relação à sua influência na adoção de novas tecnologias na KPLC. O desvio-padrão agregado das características demográficas do utilizador final foi de 1,06, o que significa que, em média, as respostas estavam amplamente distribuídas em torno da média, não revelando consenso ($_{c}x>1$) em geral.

Em média, os inquiridos tendem a concordar que cada uma das métricas sobre a atitude do utilizador final foi fundamental para a adoção de novas tecnologias na KPLC, uma vez que cada métrica teve uma pontuação média entre 3,5 e 4,5.Em média, os inquiridos consideram que as novas tecnologias necessárias para as funções de trabalho na KPLC são as mais importantes para a adoção de novas tecnologias entre as métricas sobre a atitude do utilizador final, uma vez que tiveram a pontuação média mais elevada, seguida da maioria das novas tecnologias serem úteis em funções de trabalho genéricas na KPLC, a maioria das novas tecnologias serem úteis numa linha específica de trabalho na KPLC, eu ser recetivo a mudanças nos avanços tecnológicos, a maioria das novas tecnologias preservar dados historicamente mantidos na minha linha de trabalho, e eu achar a maioria das novas tecnologias fáceis de usar. Em média, os inquiridos tendem a concordar que as atitudes do utilizador final têm sido fundamentais para a adoção de novas tecnologias na KPLC Nakuru, Quénia, com uma pontuação média agregada de 4,02, que foi uma média das pontuações médias individuais das métricas sobre a atitude do utilizador final.

Os desvios-padrão das métricas sobre as atitudes dos utilizadores finais foram gerados para mostrar como as respostas se distribuíam em torno da média e para saber se o consenso era elevado, moderado ou nulo. Todas as métricas sobre as atitudes dos utilizadores finais tinham desvios-padrão moderadamente distribuídos em torno da média, com exceção de Acho que a maioria das novas tecnologias é fácil de utilizar, que estava amplamente distribuído. Isto implica que, à exceção de Considero a maioria das novas tecnologias fáceis de utilizar, que não teve consenso^X > 1, houve um consenso moderado($0,5 < \sigma X < 1$)de que as métricas individuais sobre a atitude do utilizador final foram fundamentais para a adoção de novas tecnologias na KPLC.

A maior parte das novas tecnologias são úteis em funções de trabalho genéricas na KPLC, por exemplo, aplicação de férias, formação, etc., e obtiveram o desvio-padrão mais baixo, o que implica que, em comparação com outras atitudes dos utilizadores, houve níveis mais elevados de consenso no que respeita à sua influência na adoção de novas tecnologias. O desvio-padrão agregado das atitudes do utilizador final foi de 0,92 (média dos desvios-padrão das métricas individuais), o que significa que houve um consenso moderado ($0,5 < gX < 1$) de que a atitude do utilizador final foi fundamental para a adoção de novas tecnologias na KPLC Nakuru, Quénia.

O estudo procurou saber se as métricas de gestão do fluxo de trabalho, ou seja, as competências interfuncionais, as competências dos pares, o sistema de apoio, as políticas e a gestão foram determinantes para a adoção de novas tecnologias. As pontuações médias individuais para as métricas situavam-se todas no intervalo ($3,5 < u < 4,5$), o que significa que, em média, os inquiridos tendiam a concordar que cada métrica tinha sido fundamental para a adoção de novas tecnologias. A gestão obteve a média mais elevada, de 4,00, o que significa que, em média, os inquiridos tendem a concordar que a gestão foi mais importante para a adoção de novas tecnologias do que as métricas relativas à gestão do fluxo de trabalho. A média agregada foi de 3,77 (média das pontuações médias individuais das métricas), o que significa que, em média, os inquiridos tendiam a concordar ($3,5 < u < 4,5$) que, em geral, a gestão do fluxo de trabalho tinha sido fundamental para a adoção de novas tecnologias.

O estudo procurou conhecer a distribuição das respostas em torno da média e verificar se existia consenso sobre uma determinada métrica. Os desvios-padrão das competências interfuncionais e das políticas estavam amplamente distribuídos em torno da média, ou seja, 1,01 e 1,02, respetivamente, o que implica que não havia consenso ($cX>1$) sobre se tinham sido instrumentais na adoção de novas tecnologias. As competências dos pares, o sistema de apoio e a gestão tiveram desvios-padrão moderadamente distribuídos em torno da média, o que implica um consenso moderado ($0,5<cX<1$) entre os inquiridos em relação a cada métrica.

O desvio-padrão mais baixo foi o da gestão (desvio-padrão de 0,91), o que significa que existia um nível de consenso comparativamente mais elevado quanto ao facto de ter sido fundamental para a adoção de novas tecnologias entre as métricas da gestão do fluxo de trabalho. O desvio-padrão agregado foi de 0,97 (média dos desvios-padrão individuais das métricas de gestão do fluxo de trabalho), o que significa que os inquiridos tinham um consenso moderado ($0,5<cX<1$) de que a gestão do fluxo de trabalho tinha sido fundamental para a adoção de novas tecnologias.

A perceção dos inquiridos sobre os níveis de adoção de novas tecnologias foi examinada utilizando vários indicadores, que incluíam os novos utilizadores de tecnologia, o tempo necessário para utilizar a nova tecnologia, a utilização correcta da nova tecnologia, a obtenção dos objectivos desejados com a nova tecnologia e a frequência de utilização da nova tecnologia. Todas as pontuações médias individuais das métricas se situavam no intervalo $3,5< u$

$< 4,5$, indicando que, em média, os inquiridos tendiam a concordar que cada métrica tinha sido influenciada pelas características do utilizador final.

Quando classificada numa escala de 1 a 5, da média mais alta para a mais baixa, a obtenção dos objectivos desejados com as novas tecnologias teve a média mais alta, o que implica que, em média, os inquiridos tendem a concordar que foi a mais influenciada pelas características do utilizador final, seguida pelos novos utilizadores da tecnologia. A métrica menos influenciada no contexto dos níveis de adoção de novas tecnologias foi a utilização correcta das novas tecnologias. A pontuação média agregada para os níveis de adoção de novas tecnologias (média das pontuações médias das métricas individuais) foi de 3,82, o que significa que os inquiridos concordaram, em média, que os níveis de adoção de novas tecnologias foram influenciados pelas características do utilizador final.

Verificou-se um consenso moderado quanto ao facto de os novos utilizadores de tecnologia, o tempo necessário para utilizar a nova tecnologia, a obtenção dos objectivos desejados com a nova tecnologia e a frequência de utilização da nova tecnologia serem influenciados pelas características do utilizador final, uma vez que os seus desvios-padrão estavam moderadamente distribuídos em torno da média ($0,5<\sigma X<1$). A utilização correcta de novas tecnologias teve um desvio-padrão de 1,04, o que significa que as respostas estavam amplamente distribuídas em torno da média, pelo que não houve consenso ($\sigma X>1$) quanto à influência das características do utilizador final.

A obtenção dos objectivos desejados em matéria de novas tecnologias teve o desvio-padrão mais baixo, o que significa que houve um consenso comparativamente maior do que nas outras métricas sobre os níveis de adoção de novas tecnologias, que foi o mais influenciado pelas características do utilizador final. O desvio-padrão agregado para a adoção de novas tecnologias, que foi a média dos desvios-padrão das métricas, foi de 0,85, o que implica que houve um consenso moderado ($0,5<\sigma X<1$) entre os inquiridos de que os níveis de adoção de novas tecnologias foram influenciados pelas características do utilizador final.

5.3 Discussão dos resultados

O estudo concluiu que a matriz de competências dos utilizadores finais tem uma influência significativa na adoção de novas tecnologias na Kenya Power and Lighting Company. A matriz de competências dos utilizadores finais é fundamental para a adoção de novas tecnologias numa empresa de serviços públicos como a Kenya Power and Lighting Company. A melhoria da matriz de competências dos utilizadores finais permitiria à KPLC implantar as tecnologias necessárias a um ritmo mais rápido e, por conseguinte, transferir os ganhos das novas tecnologias para a organização e os consumidores de eletricidade.

No que diz respeito às características demográficas dos utilizadores finais, o estudo concluiu que as características demográficas dos utilizadores finais não tinham uma relação estatisticamente significativa com a adoção de novas tecnologias na Kenya Power and Lighting Company. Estes resultados indicam que as características demográficas têm pouca influência na adoção de novas tecnologias na KPLC. Isto indica à direção da KPLC que as características demográficas do seu pessoal são adequadas para efeitos de adoção de novas tecnologias.

O estudo concluiu que as atitudes dos utilizadores finais têm uma influência significativa na adoção de novas tecnologias na Kenya Power and Lighting Company, no Quénia. A atitude dos utilizadores finais é fundamental na adoção das novas tecnologias, uma vez que determina os esforços que os utilizadores da nova tecnologia fazem para aprender a nova tecnologia e, consequentemente, melhorar os seus níveis de adoção.

Por último, a investigação concluiu que a gestão do fluxo de trabalho teve uma influência significativa na adoção de novas tecnologias na Kenya Power and Lighting Company, no Quénia. A gestão do fluxo de trabalho é fundamental para a adoção das novas tecnologias, uma vez que indica a sequência das actividades num fluxo de trabalho e o pessoal envolvido nessas actividades. A gestão dos estrangulamentos ou partes do fluxo de trabalho que reduzem a facilidade de utilização das novas tecnologias é fundamental para a adoção global dessa nova tecnologia.

5.4 Conclusões do estudo

O estudo concluiu que o maior consenso entre os inquiridos em relação à influência das diversas variáveis independentes na adoção de novas tecnologias na KPLC foi o das competências do utilizador final. Além disso, o estudo concluiu que as competências do utilizador final têm uma influência significativa na adoção de novas tecnologias na KPLC.

Em termos de nível de concordância (com base numa escala de Likert de cinco pontos), o estudo concluiu que a atitude do utilizador final era a métrica que os inquiridos concordavam fortemente que influenciava a adoção de novas tecnologias na KPLC. Além disso, o estudo concluiu que as atitudes do utilizador final têm uma influência significativa na adoção de novas tecnologias na KPLC, bem como preditores positivos da adoção de novas tecnologias na KPLC.

Por outro lado, o estudo concluiu que as características demográficas do utilizador final não têm qualquer influência significativa na adoção de novas tecnologias na KPLC. Neste contexto, o estudo concluiu que a educação tem maior influência na adoção de novas tecnologias na KPLC devido à sua elevada média e baixo desvio-padrão.

No entanto, o estudo concluiu que a gestão do fluxo de trabalho era um indicador positivo da adoção de novas tecnologias na KPLC. Neste contexto, considera-se que a gestão do fluxo de trabalho tem maior influência do que os outros indicadores, uma vez que apresenta uma média mais elevada.

5.5 Recomendações para o estudo

Ao fazer as recomendações, o estudo procura dar orientações à gestão da KPLC e de outras empresas de serviços públicos sobre as medidas que devem utilizar para melhorar a adoção de novas tecnologias nas suas empresas.

Uma análise dos indicadores relativos à gestão do fluxo de trabalho revelou que o sistema de apoio e o apoio à gestão eram os itens com médias elevadas e baixo desvio-padrão. Por conseguinte, este estudo recomenda que a KPLC assegure que os seus funcionários recebam um sistema de apoio e um apoio de gestão adequados, para que possam melhorar a adoção de novas tecnologias na instituição.

No contexto das competências do utilizador final, o estudo recomenda que a direção da KPLC reforce as competências de resolução de problemas dos seus empregados através de formação regular e de workshops. Além disso, deve ser dada ênfase à formação no local de trabalho, onde os funcionários da KPLC podem obter uma plataforma para partilhar as melhores práticas.

Uma análise dos indicadores das características demográficas dos utilizadores finais revelou que a educação é o indicador com a média mais elevada e o desvio-padrão mais baixo. Por conseguinte, o estudo recomenda que a KPLC reveja os seus requisitos em matéria de educação básica para as pessoas que entram na organização, de modo a obter funcionários com uma boa formação que possam adotar novas tecnologias mais rapidamente.

Além disso, o estudo recomenda que a KPLC sensibilize os seus empregados para a nova tecnologia a adotar. Isto tornará os empregados receptivos à nova tecnologia, o que facilitará a sua adoção, melhorando assim as funções de trabalho na organização.

5.6 Sugestões para estudos futuros

As sugestões de estudos futuros para este estudo basearam-se nas conclusões dos resultados do desvio-padrão das diversas métricas que influenciam a adoção de novas tecnologias na KPLC. Os itens que apresentavam um desvio-padrão superior a um implicavam que as respostas estavam amplamente distribuídas em torno das médias, o que conduzia a uma conclusão de falta de consenso em relação a essas métricas entre os inquiridos. Por conseguinte, este estudo sugere que esses itens sejam objeto de estudos mais aprofundados, a fim de serem examinados em pormenor. Neste contexto, o estudo faz as seguintes sugestões para estudos futuros: uma análise da influência das competências técnicas na adoção de novas tecnologias pelos trabalhadores das empresas de serviços públicos; uma análise da influência da demografia do utilizador final (idade, sexo e experiência do trabalhador) na adoção de novas tecnologias pelos trabalhadores das empresas de serviços públicos; Uma análise do papel da facilidade de utilização das novas tecnologias na adoção de novas tecnologias entre os trabalhadores das empresas de serviços públicos; Uma análise do papel das competências interfuncionais na adoção de novas tecnologias entre os trabalhadores das empresas de serviços públicos e Uma análise da influência das políticas da KPLC na adoção de novas tecnologias entre os trabalhadores das empresas de serviços públicos.

REFERÊNCIAS

Abdelbary, A. M. (2011). Exploração dos factores que afectam a adoção da tecnologia biométrica pelos empregados de um hotel egípcio de cinco estrelas. *Journal of Technology, 2*(3), 54-60.

Aketch, A. (2015). Envolvimento das partes interessadas na gestão da mudança na Kenya Power and Lighting Company Limited. *Revista Internacional Multidisciplinar, 1*(2), 25-30.

Al-smadi, M. O. (2012). Factores que Afectam a Adoção da Banca Eletrónica: An Analysis of the Perspectives of Bank's Customers. *Revista Internacional de Negócios e Ciências Sociais, 67*(4), 294-309.

Alzighaibi, A., Mohammadian, M., & Talukder, M. (2016). Fatores que afetam a adoção de sistemas GIS no setor público na Arábia Saudita e seu impacto no desempenho organizacional. *Journal of Geographic Information System, 2*(3), 396-411.

Apulu, I., Latham, A., & Moreton, R. (2011). Factores que afectam a utilização eficaz e a adoção de soluções sofisticadas de TIC: Case studies of SMEs in Lagos, Nigeria. *Journal of Systems and Information Technology, 13*(2), 125-143.

Azmi, A., & Bee, N. (2011). The Acceptance of the e-Filing System by Malaysian Taxpayers: A Simplified Model. *Electronic Journal ofE-Government, 8*(1), 13-22.

Azmi, A., & Kamarulzaman, Y. (2010). Adoção do e-filing fiscal. *Jornal Africano de Gestão Empresarial, 4*(3), 599-603.

Baariu, K. (2015). Factores que influenciam a adoção de pagamentos móveis por parte dos assinantes: Um caso do serviço Lipa na Mpesa da Safaricom na cidade de Embu, Quénia. *Revista Internacional de Ciências Económicas e Sociais, 2*(3), 40-45.

Bitengo, O. (2015). Adoção de Sistemas Integrados de Gestão da Informação no Quénia; Um Estudo de Caso na Biblioteca do Gabinete de Normas do Quénia. *IOSR Journal of Business and ManagementVer. IV, 2*(3), 154-165.

Buabeng-Andoh Charles. (2012). Factores que influenciam a adoção e a integração das tecnologias da informação e da comunicação no ensino por parte dos professores. *Revista Internacional de Educação e Desenvolvimento com recurso às Tecnologias da Informação e da Comunicação, 8*(1), 136-155.

Bultum, A. G. (2014). Fatores que afetam a adoção do sistema bancário eletrônico no setor bancário da Etiópia. *Jornal do Sistema de Informação de Gestão e Comércio Eletrónico, 1*(1), 117.

Chawla, D., & Sodhi, N. (2011). *Metodologia de investigação: Concepts and Cases*. Vikas Publishing House.

DasGupta, A. (2008). *Asymptotic Theory of Statistics and Probability*. Springer Science & Business Media.

Entidade Reguladora da Eletricidade. (2015). Plano Estratégico 2014/15-2023/24. *Revista de Gestão Estratégica, 3*(2), 15-22.

Francis, A. (2004). *Business Mathematics and Statistics*. Cengage Learning EMEA.

Gachukia, M. (2012). Um estudo sobre a influência da demografia na adoção das redes sociais como ferramenta de marketing estratégico entre as micro, pequenas e médias empresas do município de Meru. *Revista Internacional de Gestão do Desempenho Empresarial*, *2*(1), 85-90.

Gravetter, F. J., & Wallnau, L. B. (2009). *Statistics for the Behavioral Sciences*. Cengage Learning.

Graziano, M. (2014). Adoção de Tecnologias Difusas de Energias Renováveis: An Operational Framework. *IOSR Journal of Business and Management*, *3*(4), 54-65.

Gwaro, O. (2016). Influência da apresentação de impostos online no cumprimento fiscal entre as pequenas e médias empresas na cidade de Nakuru, Quénia. *IOSR Journal of Business and Management (IOSR-JBM)*, *2*(3), 54-65.

Hamid, N. H. A. (2013). Aceitação da declaração eletrónica de impostos: A Study of Malaysian Taxpayers Adoption Intentions. *Revista Internacional de Investigação em Gestão, Economia e Comércio*, *2*(2), 29-33.

Hanna, D., & Dempster, M. (2012). *Psychology Statistics For Dummies*. John Wiley & Sons.

Ishengoma, A. R. (2011). Análise da Banca Móvel para a Inclusão Financeira na Tanzânia: Case of Kibaha District Council Preparado por Anitha Rodgers. *International Journal for Management Science and Terchnology*, *1*(4), 75-79.

Jones, K. (2015). Plano Estratégico do Operador de Sistema Independente de Nova Iorque 2015 - 2019. *Journal of Strategic Business Planning*, *3*(2), 11-17.

Kamarulzaman, Y., & Azmi, A. A. C. (2010). Tax E-filing Adoption in Malaysia: A Conceptual Model. *Journal of Accounting and Finance*, *3*(4), 25-29.

Keller, G. (2014). *Estatística para Gestão e Economia* (9ª ed.). Cengage Learning.

Kenya Power and Lighting Company. (2015a). Plano estratégico empresarial quinquenal 2016/172020/21. *Jornal de Planeamento Estratégico Empresarial*, *5*(2), 3-12.

Kenya Power and Lighting Company. (2015b). Plano de Desenvolvimento e Manutenção da Rede 2016/17 - 2020/21. *Jornal de Gestão de Projectos*, *5*(3), 22-37.

Kenya Power and Lighting Company. (2017). Estratégias para melhorar o aprovisionamento. *Strategic Management Journal*, *4*(2), 16-43.

Kinanga, R. (2013). *Determinantes da Adoção de Tecnologias de Informação na Melhoria da Função de Recursos Humanos nas Universidades Públicas do Quénia*. Tese de Doutoramento em Filosofia não publicada: Universidade de Agricultura e Tecnologia Jomo Kenyatta.

Kothari, C. R. (2004). *Metodologia de investigação: Methods and Techniques*. New Age International.

Krysa, R. (2010). Factores que Afectam a Adoção e Utilização de Tecnologias Informáticas nas Escolas. *Programa de Pós-Graduação em Comunicação e Tecnologia Educacional*, *2*(3), 54-60.

Kuada, J. (2012). *Metodologia de investigação: Um Guia de Projeto para Estudantes Universitários*. Nairobi: Samfundslitteratur.

Kukafka, R., Johnson, S. B., Linfante, A., & Allegrante, J. P. (2003). Grounding a New Information Technology Implementation Framework in Behavioral Science: A Systematic Analysis of The Literature on IT Use. *Journal of Biomedical Informatics*, *36*(3), 218-227.

Kumar, R. (2007). *Metodologia de Investigação*. APH Publishing.

Lai, M., & Choong, K. (2010). Motivators, Barriers and Concerns in Adoption of Electronic Filing System: Survey Evidence from Malaysian Professional Accountants. *American Journal of Applied Sciences*, *3*(4), 10-15.

Lim, W. M., & Ting, D. H. (2013). Metodologia de pesquisa: Um Conjunto de Ferramentas de Amostragem e Técnicas de Análise de Dados para Pesquisa Quantitativa. *Journal of Statistics Education*, *4*(1), 2339.

Mandola, V. (2013). Factores que influenciam a adoção e a utilização do sistema integrado de gestão fiscal pelos contribuintes de média e pequena dimensão no distrito comercial central de Nairobi, Quénia. *Revista Interdisciplinar de Investigação Contemporânea no Sector Empresarial*, *2*(2), 12-15.

Mehar, M., & Mittal, S. (2016). Factores socioeconómicos que afectam a adoção de tecnologias modernas de informação e comunicação pelos agricultores na Índia: Análise usando o modelo Probit multivariado. *The Journal of Agricultural Education and Extension*, *22*(2), 199-212.

Mucheru, M. F. (2013). Factores que Influenciam a Adoção de Sistemas de Informação em Estabelecimentos de Saúde Privados no Condado de Kiambu, Quénia. *Jornal de Economia e Gestão Empresarial*, *3*(5), 89-95.

Muhangi, D. (2012). Tributação e crescimento das pequenas empresas no Uganda: Um Estudo de Caso do Mercado de Kikuubo, Divisão Central no Distrito de Kampala. *International Journal of Business and Management Invention*, *2*(3), 45-47.

Mulwa, J. M. (2015). Factores que influenciam a adoção das TIC na prestação de serviços pelos governos dos condados no Quénia: A Case of Kitui County. *International Journal for Management Science and Terchnolog*, *2*(3), 47-54.

Autoridade de Energia de Nova Iorque. (2014). Visão estratégica 2014-2019. *Journal of Strategic Business Planning*, *4*(1), 10-21.

Njihia, J., & Magutu, P. (2012). Adoção de Compras Electrónicas entre Fabricantes de Grande Escala em Nairobi, Quénia. *Jornal de Estudos Africanos Modernos*, *3*(3), 15-19.

Oginda, E. (2013). Desafios da implementação da estratégia de aquisições na Kenya Power and Lightining Company Limited. *Revista Internacional de Ciências Sociais e Empreendedorismo*, *3*(4), 4-12.

Olouch, R. A., Abaja, P. O., Mwangi, J. W., & Githeko, J. (2015). Fatores que afetam a adoção da tecnologia de banco móvel no Quênia: Um caso de clientes bancários no município de Nakuru.

Asian Journal of Business and Management Sciences, *2*(11), 1-13.

Orodho, A., & Kombo, D. (2002). *Métodos de Investigação*. Nairobi: Universidade Kenyatta, Instituto de Aprendizagem Aberta.

Patzer, G. L. (2006). *Metodologia de pesquisa experimental em marketing: Types and Applications*. Greenwood.

Peat, J., & Barton, B. (2005). *Medical Statistics: A Guide to Data Analysis and Critical Appraisal*. Wiley.

Phan, K., & Daim, T. (2011). Explorando a aceitação de tecnologia para serviços móveis. *Journal of Industrial Engineering and Management*, *4*(2), 339-360.

Qatawneh, A. M. (2015). A adoção do sistema de pagamento eletrónico (EPS) na Jordânia: estudo de caso da Orange Telecommunication Company. *Journal of Business and Management*, *6*(22), 139-148.

Ruppert, D. (2004). *Estatística e Finanças: An Introduction*. Springer Science & Business Media.

Saibu, O. M. (2016). Determinantes macroeconómicos da adoção de tecnologias de electricidade renovável na Nigéria. *IOSR Journal of Business and Management (IOSR-JBM)*, *16*(1), 6583.

Scruggs, T. E., & Mastropieri, M. A. (2006). *Aplicações da metodologia de investigação*. (T. E. Scruggs & M. A. Mastropieri, Eds.) (19ª ed.). Emerald Group Publishing.

Sekaran, U. (2003). Towards a guide for novice research on research methodology: Revisão e métodos propostos. *Journal of Cases of Information Technology*, *8*(4), 24-35.

Shirish, T. S. (2012). *Metodologia de investigação em educação*. Publicações Lulu.

Spiegel, M., & Stephens, L. (2007). *Schaum's Outline of Statistics* (4ª ed.). McGraw Hill Professional, 2007.

Szafran, R. F., & Szafran, R. (2011). Answering Questions With Statistics. SAGE.

Talukder, M. (2012). Factores que Afectam a Adoção de Inovação Tecnológica por Funcionários Individuais: An Australian Study. *Procedia - Ciências Sociais e Comportamentais, 40*(4), 52-57.

Tshitenge, M. (2011). Mobile Banking and the Financial Services Needs of the Poor: An Adoption Framework. *Revista Internacional de Negócios e Gestão*, *3*(4), 30-35.

Companhia de Transmissão de Eletricidade do Uganda. (2014). Plano de Negócios Corporativo 2014 - 2018. *Jornal de Negócios*, *2*(2), 12-17.

Secretariado da Visão 2030. (2017). Política de produção de eletricidade. *Revista Nacional de Planeamento a Longo Prazo*, *3*(2), 3-9.

Wambua, W. (2015). Um modelo de implementação para a adoção do M-Payment: Um caso de Lipa Na Mpesa pelos comerciantes de Mitumba no mercado de Gikomba. *Revista Internacional de Humanidades e Ciências Sociais*, *2*(4), 45-50.

Wasserman, L. (2004). *All of Statistics: A Concise Course in Statistical Inference* (ilustrado). Springer Science & Business Media.

Watiri, J. (2013). Adoção da Banca de Agência pelo Equity Bank Kenya Limited nas suas Operações Comerciais Internacionais. *Journal of Internet Banking and Commerce*, *3*(1), 12-19.

Yu, C.-S. (2012). Factores que Afectam os Indivíduos a Adotar a Banca Móvel: Empirical Evidence from the UTAUT Model. *Journal of Electronic Commerce Research*, *13*, 104-121.

APÊNDICE A

CARTA DE AUTORIZAÇÃO DE CAMPO KPLC

Methodius Njoroge Kiarie,
P.O BOX 406-00100 Nairobi.
kmethodius@yahoo.com
0722703695
24th maio, 2017.

O Diretor Regional,
Kenya Power and Lighting Company,
Secção de Nakuru.
P.O BOX 104-20100, Nakuru.

Cc.
Diretor de Recursos Humanos e Administração.

O seu Ref..............................

Caro(a) Senhor(a),

REF: PEDIDO DE AUTORIZAÇÃO PARA RECOLHA DE DADOS DE PROJECTO DE INVESTIGAÇÃO O meu nome é Methodius Njoroge Kiarie, um estudante de mestrado em planeamento e gestão de projectos na Universidade de Nairobi, Nakuru Extra Mural Campus. Estou a realizar um estudo de investigação sobre a sua empresa intitulado "***Influência das características do utilizador final na adoção de novas tecnologias entre empresas de serviços públicos; um caso da Kenya Power And Lighting Company, Nakuru, Quénia***".

O objetivo da presente carta é solicitar formalmente autorização para envolver o vosso pessoal em Nakuru no exercício acima referido. Serão tomadas precauções para minimizar as interrupções nas vossas operações comerciais normais. Estou convicto de que os resultados do estudo serão de interesse para o vosso gabinete de recursos humanos, pelo que será disponibilizada uma cópia do mesmo.

Mantenho o otimismo de que o seu gabinete será uma ajuda indispensável para permitir o êxito deste projeto de investigação. Por conseguinte, suplico uma apreciação favorável deste pedido e afirmo a minha disponibilidade para responder a quaisquer preocupações que o vosso gabinete possa ter.

Com os melhores cumprimentos,

Methodius Njoroge Kiarie

Incluir.

(i) Carta de autorização de campo da Universidade de Nairobi
(ii) Carta da Comissão Nacional para a Ciência, Tecnologia e Inovação (NACOSTI)
(iii) Modelo de questionário

APÊNDICE B
DECLARAÇÃO DE CONSENTIMENTO

Methodius Njoroge Kiarie,
P.O BOX 406-00100 Nairobi.
kmethodius@yahoo.com
0722703695
24th maio, 2017.

Caro(a) Senhor(a),

REF: DECLARAÇÃO DE CONSENTIMENTO PARA A RECOLHA DE DADOS DE PROJECTOS DE INVESTIGAÇÃO

O meu nome é Methodius Njoroge Kiarie, um estudante de mestrado em planeamento e gestão de projectos na Universidade de Nairobi, Nakuru Extra Mural Campus. Estou a realizar um estudo de investigação sobre a sua empresa intitulado "***Influência das características do utilizador final na adoção de novas tecnologias entre empresas de serviços públicos; um caso da Kenya Power And Lighting Company, Nakuru, Quénia***".

O objetivo do presente pedido é solicitar formalmente a sua colaboração no preenchimento do questionário em anexo, de acordo com os seus conhecimentos. A autorização para efetuar o processo foi concedida pelo seu Diretor Regional.

As condições que se seguem regem o processo de recolha de dados e a sua participação no estudo é feita com esse entendimento;

i) **Confidencialidade;** as suas respostas a este inquérito serão anónimas. Por favor, não escreva qualquer informação de identificação no questionário em anexo.

ii) **Compensação; não** há qualquer compensação financeira ou qualquer outra consideração material que resulte da participação neste estudo.

iii) **Participação voluntária;** a sua participação neste estudo é de carácter voluntário. A sua participação ou não no estudo não afectará a sua relação com a sua entidade patronal ou com o investigador (caso exista). É livre de se retirar em qualquer fase da investigação (se assim o desejar) sem ter de justificar o motivo e sem incorrer em quaisquer penalizações financeiras.

Com os melhores cumprimentos,

Methodius Njoroge Kiarie.

Incluir.
(i) Questionário

APÊNDICE C
CARTA DE AUTORIZAÇÃO DE CAMPO DA UNIVERSIDADE DE NAIROBI

UNIVERSITY OF NAIROBI
COLLEGE OF EDUCATION AND EXTERNAL STUDIES
SCHOOL OF CONTINUING AND DISTANCE EDUCATION
DEPARTMENT OF EXTRA - MURAL STUDIES

Tel 051 - 2210863

P. O Box 1120, Nakuru
27th April 2017

Our Ref: *UoN/CEES/NKUEMC/1/12*

To whom it may concern:

RE: METHODIUS NJOROGE KIARIE – L50/83057/2015

The above named is a student of the University of Nairobi at Nakuru Extra-Mural Centre Pursuing a Masters degree in Project Planning and Management.

Part of the course requirement is that students must undertake a research project during their course of study. He has now been released to undertake the same and has identified your institution for the purpose of data collection on "Influence of End User Characteristics on Adoption of New Technologies Among Utility Firms; A Case of Kenya Power And Lighting Company, Nakuru, Kenya."

The information obtained will strictly be used for the purpose of the study.

I am for that reason writing to request that you please assist him.

Yours Faithfully,

Mumo Mueke
Resident Lecturer
Nakuru Extra-Mural Centre

APÊNDICE D

CARTA DE NACOSTI

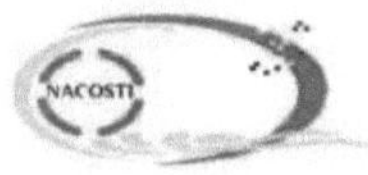

NATIONAL COMMISSION FORSCIENCE, TECHNOLOGY ANDINNOVATION

Telephone:+254-20-2213471,
2241349,3310571,2219420
Fax: +254-20-318245,318249
Email: dg@nacosti.go.ke
Website: www.nacosti.go.ke
When replying please quote

9th Floor, Utalii House
Uhuru Highway
P.O. Box 30623-00100
NAIROBI-KENYA

Ref. No. **NACOSTI/P/17/15250/17020**

Date: **23rd May, 2017**

Methodius Njoroge Kiarie
University of Nairobi
P.O. Box 30197-00100
NAIROBI.

RE: RESEARCH AUTHORIZATION

Following your application for authority to carry out research on ***"Influence of end user characteristics on adoption of new technologies among utility firms; A case of Kenya Power and Lighting Company, Nakuru, Kenya,"*** I am pleased to inform you that you have been authorized to undertake research in **Nakuru County** for the period ending **23rd May, 2018.**

You are advised to report to **the Managing Director, Kenya Power and Lighting Company, the County Commissioner and the County Director of Education, Nakuru County** before embarking on the research project.

On completion of the research, you are expected to submit **two hard copies and one soft copy in pdf** of the research report/thesis to our office.

GODFREY P. KALERWA MSc., MBA, MKIM
FOR: DIRECTOR-GENERAL/CEO

Copy to:

The Managing Director
Kenya Power and Lighting Company.

The County Commissioner
Nakuru County.

THIS IS TO CERTIFY THAT:
MR. METHODIUS NJOROGE KIARIE
of THE UNIVERSITY OF NAIROBI,
406-100 NAIROBI,has been permitted to
conduct research in *Nakuru County*

on the topic: *INFLUENCE OF END USER CHARACTERISTICS ON ADOPTION OF NEW TECHNOLOGIES AMONG UTILITY FIRMS; A CASE OF KENYA POWER AND LIGHTING COMPANY, NAKURU, KENYA*

for the period ending:
23rd May,2018

Permit No : NACOSTI/P/17/15250/17020
Date Of Issue : 23rd May,2017
Fee Recieved :Ksh 1000

....
Applicant's Signature

....
Director General National Commission for Science, Technology & Innovation

CONDITIONS

You must report to the County Commissioner and the County Education Officer of the area before embarking on your research. Failure to do that may lead to the cancellation of your permit.
Government Officer will not be interviewed without prior appointment.
No questionnaire will be used unless it has been approved.
Excavation, filming and collection of biological specimens are subject to further permission from the relevant Government Ministries.
You are required to submit at least two(2) hard copies and one (1) soft copy of your final report.
The Government of Kenya reserves the right to modify the conditions of this permit including its cancellation without notice

REPUBLIC OF KENYA

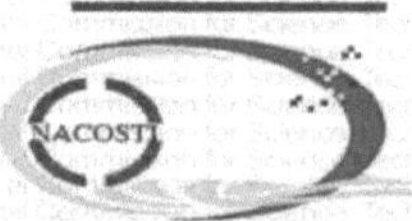

National Commission for Science, Technology and Innovation

RESEARCH CLEARANCE PERMIT

Serial No.A 14139
CONDITIONS: see back page

APÊNDICE E
RELATÓRIO DE ORIGINALIDADE
TURNITIN

turnitin Turnitin Originality Report

Influence of End User Characteristics on Adoption of New Technologies among Utility Firms; A Case of Kenya Power and Lighting Company, Nakuru, Kenya by Methodius N. Kiarie
From Influence of End User Characteristics on Adoption of New Technologies among Utility Firms; A Case of Kenya Power and Lighting Company, Nakuru, Kenya (Innovative resources)

- Processed on 20-Jul-2017 11:59 EAT
- ID: 832004878
- Word Count: 23706

Similarity Index
10%
Similarity by Source
Internet Sources:
6%
Publications:
5%
Student Papers:
5%

APÊNDICE F

INFLUÊNCIA DAS CARACTERÍSTICAS DO UTILIZADOR FINAL NA ADOPÇÃO DE NOVAS TECNOLOGIAS ENTRE EMPRESAS DE SERVIÇOS PÚBLICOS; UM CASO DA KENYA POWER AND LIGHTING COMPANY, NAKURU, QUÉNIA

QUESTIONÁRIO

Instruções: Preencher corretamente o seguinte questionário.

Confidencialidade: As respostas que fornecer serão estritamente confidenciais. Não será feita qualquer referência a qualquer indivíduo no relatório do estudo. Este estudo constitui um requisito parcial para a obtenção do grau de Master of Arts em Planeamento e Gestão de Projectos da Universidade de Nairobi.

Assinale ou responda corretamente a cada uma das perguntas.

PART A: INFORMAÇÃO DE BASE

1) What is your gender?
   - Male [ ]
   - Female [ ]

2) What is your age bracket?
   - Below 25 Years [ ]
   - 26-35 Years [ ]
   - 36-45 Years [ ]
   - Over 45 Years [ ]

3) What is your highest level of education?
   - KCSE Graduate [ ]
   - Diploma [ ]
   - Graduate [ ]
   - Masters [ ]
   - Doctor of Philosophy (PhD) [ ]

4) Which of the following best indicates your job role?
   - Regional Management [ ]
   - Design and Construction [ ]
   - Finance [ ]
   - Supply Chain [ ]
   - Transport [ ]
   - Technical Services [ ]
   - Security [ ]
   - Information and Communications Technology [ ]
   - Safety Health & Environment [ ]
   - Customer Service [ ]
   - Regional Management [ ]
   - Human Resource and Administration [ ]

PART B: MATRIZ DE COMPETÊNCIAS DO UTILIZADOR FINAL

Os itens seguintes referem-se à Matriz de Competências do Utilizador Final. Numa escala de 1-5; onde
1=Discordo totalmente (DP)
2=Discordo (D)
3= Incerto (U)
4=Acordo (A)
5= Concordo fortemente (SA)
Assinale (V), se for caso disso, o nível que melhor explica a sua situação.

	The following End User Skills Matrix have been instrumental in adoption of new technologies	**SD 1**	**D 2**	**U 3**	**A 4**	**SA 5**
5)	Technical Skills					
6)	Problem Solving Skills					
7)	Proficiency in internet usage					
8)	Basic Computer Trouble Shooting Skills					
9)	Ability to use self-help menus on a platform					

PART C: CARACTERÍSTICAS DEMOGRÁFICAS DO UTILIZADOR FINAL

Os itens seguintes referem-se às características demográficas do utilizador final Numa escala de 1-5; em que
1=Discordo totalmente (DP)
2=Discordo (D)
3= Incerto (U)
4=Acordo (A)
5= Concordo fortemente (SA)
Assinale (V), se for caso disso, o nível que melhor explica a sua situação.

	The following end user demographic characteristics have been instrumental in adoption of new technologies	**SD 1**	**D 2**	**U 3**	**A 4**	**SA 5**
10)	Age					
11)	Education					
12)	Gender					
13)	Job Role					
14)	Experience in years					

PART D: ATITUDE DO UTILIZADOR FINAL

Os itens seguintes dizem respeito à atitude do utilizador final. Numa escala de 1-5; em que
1=Discordo totalmente (DP)
2=Discordo (D)
3= Incerto (U)
4=Acordo (A)
5= Concordo fortemente (SA)

Assinale (V), se for caso disso, o nível que melhor explica a sua situação.

	The following end user demographic characteristics have been instrumental in adoption of new technologies	**SD 1**	**D 2**	**U 3**	**A 4**	**SA 5**
15)	Most new technologies are useful in generic work functions at KPLC e.g. leave application, training etc.					
16)	Most new technologies are useful in specific line of work at KPLC					
17)	I find most new technologies easy to use					
18)	Most new technologies preserve historically held data in my line of work					
19)	I am receptive to changes in technology advances					
20)	I consider new technologies necessary for work functions at KPLC					

PART E: GESTÃO DO FLUXO DE TRABALHO

Os itens seguintes dizem respeito à gestão do fluxo de trabalho. Numa escala de 1-5; em que
1=Discordo totalmente (DP)
2=Discordo (D)
3= Incerto (U)
4=Acordo (A)
5= Concordo fortemente (SA)

Assinale (V), se for caso disso, o nível que melhor explica a sua situação.

	The following workflow management metrics have been instrumental in adoption of new technologies	**SD 1**	**D 2**	**U 3**	**A 4**	**SA 5**
21)	Cross functional competencies					
22)	Peer's Competencies					
23)	Support System					
24)	Policies					
25)	Management					

PART F: NÍVEIS DE ADOPÇÃO DE NOVAS TECNOLOGIAS

Os itens seguintes referem-se aos níveis de adoção de novas tecnologias numa escala de 1-5; em que
1=Discordo totalmente (DP)
2=Discordo (D)
3= Incerto (U)
4=Acordo (A)
5= Concordo fortemente (SA)

Assinale (V), se for caso disso, o nível que melhor explica a sua situação.

	The adoption levels of new technology;	**SD** **1**	**D** **2**	**U** **3**	**A** **4**	**SA** **5**
26)	New users of technology					
27)	Time taken to use new technology					
28)	Correct usage of new technology					
29)	Gaining of desired new technology objectives					
30)	Frequency of new technology usage					

APÊNDICE G
TABELA DE RÁCIO F AO NÍVEL DE SIGNIFICÂNCIA DE 0,05

Tabela de valores críticos para a distribuição F (para utilização com ANOVA):

Como utilizar este quadro:

Existem duas tabelas aqui. A primeira apresenta os valores críticos de F ao nível de significância de p = 0,05.
O segundo quadro apresenta os valores críticos de F ao nível de significância de p = 0,01.

1. Obtenha o seu rácio F. Este tem (x,y) graus de liberdade associados.
2. Percorra x colunas e desça y linhas. O ponto de intersecção é o seu rácio F crítico.
3. Se o valor de F obtido for igual ou superior a este valor F crítico, então o resultado é significativo a esse nível de probabilidade.

Um exemplo: Obtenho um rácio F de 3,96 com (2, 24) graus de liberdade.
Percorro 2 colunas e desço 24 linhas. O valor crítico de F é 3,40. O meu rácio F obtido é superior a este valor, pelo que concluo que o rácio F obtido é provável que ocorra por acaso com um p<.(

Valores críticos de F para o nível de significância de 0,05:

	1	2	3	4	5	6	7	8	9	10
1	161.45	199.50	215.71	224.58	230.16	233.99	236.77	238.88	240.54	241.88
2	18.51	19.00	19.16	19.25	19.30	19.33	19.35	19.37	19.39	19.40
3	10.13	9.55	9.28	9.12	9.01	8.94	8.89	8.85	8.81	8.79
4	7.71	6.94	6.59	6.39	6.26	6.16	6.09	6.04	6.00	5.96
5	6.61	5.79	5.41	5.19	5.05	4.95	4.88	4.82	4.77	4.74
6	5.99	5.14	4.76	4.53	4.39	4.28	4.21	4.15	4.10	4.06
7	5.59	4.74	4.35	4.12	3.97	3.87	3.79	3.73	3.68	3.64
8	5.32	4.46	4.07	3.84	3.69	3.58	3.50	3.44	3.39	3.35
9	5.12	4.26	3.86	3.63	3.48	3.37	3.29	3.23	3.18	3.14
10	4.97	4.10	3.71	3.48	3.33	3.22	3.14	3.07	3.02	2.98
11	4.84	3.98	3.59	3.36	3.20	3.10	3.01	2.95	2.90	2.85
12	4.75	3.89	3.49	3.26	3.11	3.00	2.91	2.85	2.80	2.75
13	4.67	3.81	3.41	3.18	3.03	2.92	2.83	2.77	2.71	2.67
14	4.60	3.74	3.34	3.11	2.96	2.85	2.76	2.70	2.65	2.60
15	4.54	3.68	3.29	3.06	2.90	2.79	2.71	2.64	2.59	2.54
16	4.49	3.63	3.24	3.01	2.85	2.74	2.66	2.59	2.54	2.49
17	4.45	3.59	3.20	2.97	2.81	2.70	2.61	2.55	2.49	2.45
18	4.41	3.56	3.16	2.93	2.77	2.66	2.58	2.51	2.46	2.41
19	4.38	3.52	3.13	2.90	2.74	2.63	2.54	2.48	2.42	2.38
20	4.35	3.49	3.10	2.87	2.71	2.60	2.51	2.45	2.39	2.35
21	4.33	3.47	3.07	2.84	2.69	2.57	2.49	2.42	2.37	2.32
22	4.30	3.44	3.05	2.82	2.66	2.55	2.46	2.40	2.34	2.30
23	4.28	3.42	3.03	2.80	2.64	2.53	2.44	2.38	2.32	2.28
24	4.26	3.40	3.01	2.78	2.62	2.51	2.42	2.36	2.30	2.26
25	4.24	3.39	2.99	2.76	2.60	2.49	2.41	2.34	2.28	2.24
26	4.23	3.37	2.98	2.74	2.59	2.47	2.39	2.32	2.27	2.22
27	4.21	3.35	2.96	2.73	2.57	2.46	2.37	2.31	2.25	2.20
28	4.20	3.34	2.95	2.71	2.56	2.45	2.36	2.29	2.24	2.19
29	4.18	3.33	2.93	2.70	2.55	2.43	2.35	2.28	2.22	2.18
30	4.17	3.32	2.92	2.69	2.53	2.42	2.33	2.27	2.21	2.17
31	4.16	3.31	2.91	2.68	2.52	2.41	2.32	2.26	2.20	2.15
32	4.15	3.30	2.90	2.67	2.51	2.40	2.31	2.24	2.19	2.14
33	4.14	3.29	2.89	2.66	2.50	2.39	2.30	2.24	2.18	2.13
34	4.13	3.28	2.88	2.65	2.49	2.38	2.29	2.23	2.17	2.12
35	4.12	3.27	2.87	2.64	2.49	2.37	2.29	2.22	2.16	2.11

36	4.11	3.26	2.87	2.63	2.48	2.36	2.28	2.21	2.15	2.11
37	4.11	3.25	2.86	2.63	2.47	2.36	2.27	2.20	2.15	2.10
38	4.10	3.25	2.85	2.62	2.46	2.35	2.26	2.19	2.14	2.09
39	4.09	3.24	2.85	2.61	2.46	2.34	2.26	2.19	2.13	2.08
40	4.09	3.23	2.84	2.61	2.45	2.34	2.25	2.18	2.12	2.08
41	4.08	3.23	2.83	2.60	2.44	2.33	2.24	2.17	2.12	2.07
42	4.07	3.22	2.83	2.59	2.44	2.32	2.24	2.17	2.11	2.07
43	4.07	3.21	2.82	2.59	2.43	2.32	2.23	2.16	2.11	2.06
44	4.06	3.21	2.82	2.58	2.43	2.31	2.23	2.16	2.10	2.05
45	4.06	3.20	2.81	2.58	2.42	2.31	2.22	2.15	2.10	2.05
46	4.05	3.20	2.81	2.57	2.42	2.30	2.22	2.15	2.09	2.04
47	4.05	3.20	2.80	2.57	2.41	2.30	2.21	2.14	2.09	2.04
48	4.04	3.19	2.80	2.57	2.41	2.30	2.21	2.14	2.08	2.04
49	4.04	3.19	2.79	2.56	2.40	2.29	2.20	2.13	2.08	2.03
50	4.03	3.18	2.79	2.56	2.40	2.29	2.20	2.13	2.07	2.03
51	4.03	3.18	2.79	2.55	2.40	2.28	2.20	2.13	2.07	2.02
52	4.03	3.18	2.78	2.55	2.39	2.28	2.19	2.12	2.07	2.02
53	4.02	3.17	2.78	2.55	2.39	2.28	2.19	2.12	2.06	2.02
54	4.02	3.17	2.78	2.54	2.39	2.27	2.19	2.12	2.06	2.01
55	4.02	3.17	2.77	2.54	2.38	2.27	2.18	2.11	2.06	2.01
56	4.01	3.16	2.77	2.54	2.38	2.27	2.18	2.11	2.05	2.01
57	4.01	3.16	2.77	2.53	2.38	2.26	2.18	2.11	2.05	2.00
58	4.01	3.16	2.76	2.53	2.37	2.26	2.17	2.10	2.05	2.00
59	4.00	3.15	2.76	2.53	2.37	2.26	2.17	2.10	2.04	2.00
60	4.00	3.15	2.76	2.53	2.37	2.25	2.17	2.10	2.04	1.99
61	4.00	3.15	2.76	2.52	2.37	2.25	2.16	2.09	2.04	1.99
62	4.00	3.15	2.75	2.52	2.36	2.25	2.16	2.09	2.04	1.99
63	3.99	3.14	2.75	2.52	2.36	2.25	2.16	2.09	2.03	1.99
64	3.99	3.14	2.75	2.52	2.36	2.24	2.16	2.09	2.03	1.98
65	3.99	3.14	2.75	2.51	2.36	2.24	2.15	2.08	2.03	1.98
66	3.99	3.14	2.74	2.51	2.35	2.24	2.15	2.08	2.03	1.98
67	3.98	3.13	2.74	2.51	2.35	2.24	2.15	2.08	2.02	1.98
68	3.98	3.13	2.74	2.51	2.35	2.24	2.15	2.08	2.02	1.97
69	3.98	3.13	2.74	2.51	2.35	2.23	2.15	2.08	2.02	1.97
70	3.98	3.13	2.74	2.50	2.35	2.23	2.14	2.07	2.02	1.97
71	3.98	3.13	2.73	2.50	2.34	2.23	2.14	2.07	2.02	1.97
72	3.97	3.12	2.73	2.50	2.34	2.23	2.14	2.07	2.01	1.97
73	3.97	3.12	2.73	2.50	2.34	2.23	2.14	2.07	2.01	1.96
74	3.97	3.12	2.73	2.50	2.34	2.22	2.14	2.07	2.01	1.96
75	3.97	3.12	2.73	2.49	2.34	2.22	2.13	2.06	2.01	1.96
76	3.97	3.12	2.73	2.49	2.34	2.22	2.13	2.06	2.01	1.96
77	3.97	3.12	2.72	2.49	2.33	2.22	2.13	2.06	2.00	1.96
78	3.96	3.11	2.72	2.49	2.33	2.22	2.13	2.06	2.00	1.95
79	3.96	3.11	2.72	2.49	2.33	2.22	2.13	2.06	2.00	1.95
80	3.96	3.11	2.72	2.49	2.33	2.21	2.13	2.06	2.00	1.95
81	3.96	3.11	2.72	2.48	2.33	2.21	2.13	2.06	2.00	1.95
82	3.96	3.11	2.72	2.48	2.33	2.21	2.12	2.05	2.00	1.95
83	3.96	3.11	2.72	2.48	2.32	2.21	2.12	2.05	2.00	1.95
84	3.96	3.11	2.71	2.48	2.32	2.21	2.12	2.05	1.99	1.95
85	3.95	3.10	2.71	2.48	2.32	2.21	2.12	2.05	1.99	1.94

86	3.95	3.10	2.71	2.48	2.32	2.21	2.12	2.05	1.99	1.94
87	3.95	3.10	2.71	2.48	2.32	2.21	2.12	2.05	1.99	1.94
88	3.95	3.10	2.71	2.48	2.32	2.20	2.12	2.05	1.99	1.94
89	3.95	3.10	2.71	2.47	2.32	2.20	2.11	2.04	1.99	1.94
90	3.95	3.10	2.71	2.47	2.32	2.20	2.11	2.04	1.99	1.94
91	3.95	3.10	2.71	2.47	2.32	2.20	2.11	2.04	1.98	1.94
92	3.95	3.10	2.70	2.47	2.31	2.20	2.11	2.04	1.98	1.94
93	3.94	3.09	2.70	2.47	2.31	2.20	2.11	2.04	1.98	1.93
94	3.94	3.09	2.70	2.47	2.31	2.20	2.11	2.04	1.98	1.93
95	3.94	3.09	2.70	2.47	2.31	2.20	2.11	2.04	1.98	1.93
96	3.94	3.09	2.70	2.47	2.31	2.20	2.11	2.04	1.98	1.93
97	3.94	3.09	2.70	2.47	2.31	2.19	2.11	2.04	1.98	1.93
98	3.94	3.09	2.70	2.47	2.31	2.19	2.10	2.03	1.98	1.93
99	3.94	3.09	2.70	2.46	2.31	2.19	2.10	2.03	1.98	1.93
100	3.94	3.09	2.70	2.46	2.31	2.19	2.10	2.03	1.98	1.93

Printed by Books on Demand GmbH, Norderstedt / Germany